高等学校应用型特色"十四五"规划教材

PHP
网站开发与实例教程

焦慧华◎主　编

肖群　胡锋　陆凯◎副主编

人民邮电出版社

北　京

图书在版编目（CIP）数据

PHP网站开发与实例教程 / 焦慧华主编. -- 北京：人民邮电出版社，2024.2
高等学校应用型特色"十四五"规划教材
ISBN 978-7-115-62474-1

Ⅰ. ①P… Ⅱ. ①焦… Ⅲ. ①PHP语言－程序设计－高等学校－教材 Ⅳ. ①TP312.8

中国国家版本馆CIP数据核字(2023)第150464号

内 容 提 要

本书采用知识点讲解和实例操作相结合的方式，详细讲解 PHP 开发技术，并通过分析实例的实现过程讲解各知识点的具体应用，以帮助读者由易到难、循序渐进、全面而系统地学习 PHP 动态网站开发技术。

全书共 10 章，提供了上百个完整的具体实例和 1 个留言本综合开发实例，详细介绍 PHP 动态网站开发的环境配置、前台开发技术、PHP 基础与常用技术、PHP 常用函数与数组、目录与文件操作、数据库编程与 MySQL 可视化管理工具、正则表达式、面向对象编程等知识。本书结构合理，内容丰富实用，操作步骤清晰，注重开发实践技能的培养，并且每章辅以适当的练习题供读者进行自我测试。

本书可作为高等院校相关专业动态网站开发的教材，不仅适合 PHP 的初学者阅读，也适合有一定 PHP 基础知识的读者阅读。

◆ 主　　编　焦慧华
　　副 主 编　肖　群　胡　锋　陆　凯
　　责任编辑　王梓灵
　　责任印制　马振武
◆ 人民邮电出版社出版发行　　北京市丰台区成寿寺路 11 号
　　邮编　100164　电子邮件　315@ptpress.com.cn
　　网址　https://www.ptpress.com.cn
　　固安县铭成印刷有限公司印刷
◆ 开本：787×1092　1/16
　　印张：14.75　　　　　　　　 2024 年 2 月第 1 版
　　字数：314 千字　　　　　　　2024 年 2 月河北第 1 次印刷

定价：59.80 元

读者服务热线：(010)81055493　印装质量热线：(010)81055316
反盗版热线：(010)81055315
广告经营许可证：京东市监广登字 20170147 号

前　言

在这个信息化时代，全世界有千千万万个网站昼夜不停地为用户提供服务。"PHP＋MySQL"这一对 Web 应用程序开发的利器，从电子商务到网络办公，从邮件服务到大型综合网站均得到了广泛应用，显示了其强大的功能。对于 Web 应用程序开发的从业人员或想进入该领域的未来精英而言，掌握"PHP＋MySQL"技术是必备技能之一。

本书内容安排上遵循由浅入深、循序渐进的原则，切实保证内容全面、重点突出、实例丰富、操作步骤清晰、图文并茂，并力求把理论知识融入实践，从而适应"教、学、做"一体化情景教学的需求。全书基于"PHP＋MySQL＋Apache"开发组件，通过各种典型、实用的案例来详细介绍 PHP 动态网站开发中的基本知识和技巧，并辅以适当的 PHP 高级编程技术介绍，使读者能够全面掌握并运用所学知识进行 PHP 动态网站开发。

全书共 10 章，提供了上百个完整的具体实例和 1 个留言本综合开发案例，详细介绍了 PHP 动态网站开发中的开发环境配置、前台开发技术、PHP 语言与常用技术、数据库编程与数据库管理工具、面向对象编程等知识。第 1、2 章重点讲解 PHP 开发组件"PHP+MySQL+Apache"的安装与配置，并介绍了前台开发技术的基础知识。第 3、4、5 章重点通过典型实例讲解 PHP 常用技术，主要包括 PHP 基础知识、数据类型、变量、常量、运算符、流程控制语句、PHP 常用函数与数组基础知识、目录与文件操作等。第 6、7 章主要讲解数据库编程和可视化管理，主要包括对数据库连接、增、删、改、读与查询等操作的介绍，并重点讲解 MySQL 可视化管理工具 MySQL Workbench 等 PHP 开发核心技术。第 8、9 章主要讲解正则表达式的应用，以及面向对象编程等 PHP 高级编程技术。第 10 章从工程应用角度出发，讲解全书重点实验项目和工程应用案例——留言本的具体实现过程。

本书具有如下特色。

（1）循序渐进，逐步提高：全书以"基本知识→PHP 基础编程→MySQL 数据库编程与管理→PHP 高级编程→留言本综合开发实例"为主线，通过穿插具体实例介绍，帮助读者循序渐进、深入浅出、全面而系统地学习 PHP 动态网站开发技术。

（2）实例丰富：全书提炼了上百个完整的具体实例和 1 个留言本综合开发案例（源码可下载），通过将知识点融于丰富的实例中进行讲解和拓展，从而使读者更好地进行开发实践。

本书由焦慧华（琼台师范学院）任主编，肖群（琼台师范学院）、胡锋（琼台师范学院）、陆凯（海南政法职业学院）任副主编。由于 PHP 动态网站开发技术不断更新，加之时间仓促和编者水平有限，本书的内容难免会有纰漏和不足之处，恳请读者批评指正。

为了便于学习和使用，我们提供了本书的配套资源。读者可以扫描下方的二维码关注"信通社区"公众号，回复数字 62474 获得配套资源。

"信通社区"二维码

编者

2023 年 5 月

目 录

第1章

PHP 开发环境

PHP 是一种在服务器端执行的、HTML 嵌入式脚本描述语言，其最重要的特征就是强大的跨平台性、开源性与面向对象编程。PHP 的语言结构简单、安全性高、易于初学者学习且开发较为高效。自 1994 年起，经过十几年的时间历练，PHP 已经成为全球非常受欢迎的脚本语言之一。本章将首先简要介绍 PHP 及其特点，然后介绍如何配置 PHP 开发环境。

◆ **学习目标**

① 了解 PHP 的发展历史、特点。

② 掌握 PHP 的下载和安装方法。

③ 掌握 PHP 程序的开发环境配置方法，了解程序的运行过程。

④ 了解 Apache 的安装步骤。

⑤ 学会安装 MySQL 数据库。

⑥ 学会使用 phpStudy。

◆ **知识结构**

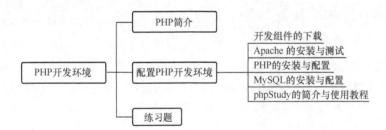

1.1 PHP 简介

PHP（页面超文本预处理器）是一种 HTML（超文本标记语言）的内嵌式语言，是在服务器端执行的嵌入 HTML 文档的脚本语言，其语言风格类似于 C 语言。PHP 独特的语法混合了 C 语言、Java、Perl 的语法，以及 PHP 自创的语法。它可以比 CGI（公共网关接口）或者 Perl 更快速地执行动态网页。与使用其他编程语言开发动态网站不同，PHP 将程序嵌入 HTML 文档中执行，这种方式的执行效率比完全生成 HTML 标记的 CGI 的效率更高；PHP 支持执行编译后的代码，编译可以加密和优化代码运行，使代码运行速度更快。PHP 具有非常强大的功能，可以实现所有 CGI 的功能，而且支持主流的数据库和操作系统。PHP 还可以用 C 语言、C++ 进行程序扩展。

PHP 具有以下特点。

① 开放免费源代码。PHP 的原始代码完全公开且免费，新函数库的不断加入，使 PHP 具有强大的更新能力，从而在 Windows 或 UNIX 操作系统上拥有更多的新功能。

② 快捷高效性。因为 PHP 可以被嵌入HTML语言，所以相对于其他编辑语言，它的编程方式更简单，开发速度更快，实用性强。

③ 跨平台性强。由于 PHP 是运行在服务器端的脚本语言，因此它可以运行在 UNIX、Linux、Windows、macOS，以及Android等平台。

④ 图像处理功能。PHP 可以动态创建图像，默认使用 GD2，也可以使用 ImageMagick 进行图像处理。

⑤ 面向对象编程。PHP 4.0、PHP 5.0 在面向对象编程方面都有了很大的改进，提供了类和对象，支持构造函数和抽象类等。PHP 完全可以用于开发大型商业程序。

⑥ 快速。这是最突出的特点，PHP 是一种强大的 CGI 脚本语言，是混合了 C 语言、Java、Perl 和 ASP 语法的新语言，执行动态网页的速度比 CGI、Perl、ASP（活动服务器页面）等语言执行网页的速度更快。

⑦ 易于初学者学习。初学者可以在短期（如 30 min）内熟练掌握 PHP 的核心语法。

⑧ 功能丰富。从对象式的设计到数据库的处理，再到网络接口的应用、安全编码机制，PHP 支持网站的大部分功能。

1.2　配置 PHP 开发环境

要开发 Web 应用程序，先要配置开发环境。PHP 集成开发环境有很多，如XAMPP、AppServ 等，只需要进行一键安装，就可以配置好 PHP 开发环境。但是，这种安装方式不够灵活，软件不能随意组合，也不利于读者学习，因此，我们建议读者手动安装PHP。

PHP 站点通常被部署在 Linux 服务器上，但是出于对使用习惯、界面友好性、操作便捷性、软件丰富性等方面的考虑，我们建议初学者在 Windows 操作系统环境下完成PHP 站点的开发。

Windows 操作系统是世界上使用最广泛的操作系统。本节主要介绍在 Windows 操作系统环境下如何配置 PHP 开发环境，其中包括 Apache、PHP 和 MySQL 的安装与配置。

1.2.1　开发组件的下载

配置 PHP 开发环境，首先需要下载 PHP 代码包、Apache 与 MySQL 的安装软件包，并且确认 IIS（因特网信息服务器）处于停止状态，以免引起端口冲突。读者可以通过单击"控制面板"→"管理工具"→"服务"选项来停止 IIS Admin Service 服务，也可以单击鼠标右键，在弹出的快捷菜单中单击"此计算机"→"管理"→"任务和应用程序"→"服务"选项来停止 IIS Admin Service 服务。

1.2.2 Apache 的安装与测试

1. 下载
① 打开 Apache 官网，如图 1-1 所示。

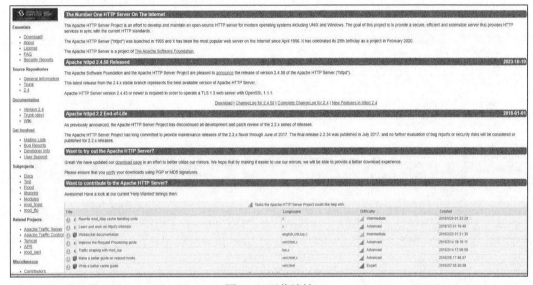

图 1-1 下载地址

② 单击图 1-1 中的"Download!"，出现图 1-2 所示界面。

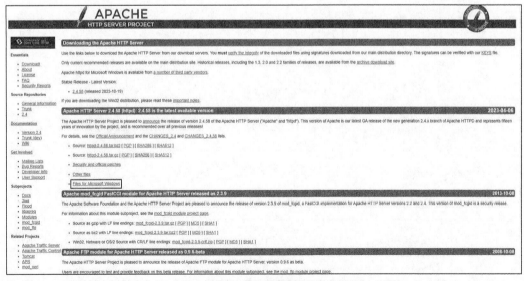

图 1-2 下载界面

③ 单击图 1-2 中的"Files for Microsoft Windows"，出现图 1-3 所示界面。

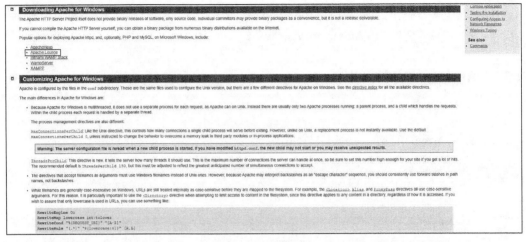

图 1-3　选择下载版本

④ 单击图 1-3 中的"Apache Lounge",出现图 1-4 所示界面。

图 1-4　单击下载

⑤ 单击图 1-4 中的"httpd-2.4.58-win64-VS17.zip",等待下载完成,如图 1-5 所示。

图 1-5　等待下载完成

⑥ 下载完成后,将文件解压,如图 1-6 所示。

Apache24	2021/9/12 16:54	文件夹	
-- Win64 VS17 --	2021/9/16 17:21	文件	0 KB
httpd-2.4.58-win64-VS17.zip	2021/9/19 21:46	ZIP 压缩文件	10,387 KB
ReadMe.txt	2021/9/16 20:20	文本文档	3 KB

图 1-6　解压文件

2. 配置 Windows 操作系统环境变量

① 在计算机的左下角搜索"环境变量"，如图 1-7 所示，选择"编辑系统环境变量"，单击"打开"选项。

图 1-7　在计算机左下角搜索"环境变量"

② 在"系统属性"对话框中，在"高级"选项卡中单击"环境变量"选项，如图 1-8 所示。

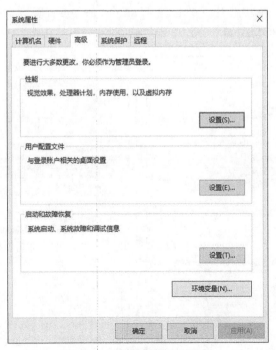

图 1-8　"系统属性"对话框

③ 在"环境变量"对话框中，单击"系统变量"的"新建"按钮，设置变量名为"HTTPD_IIOME"，设置"D:DownLoadApacheApache24"为 Apache 的安装路径（每个人选择的路径可能不一样），单击"确定"按钮，如图 1-9 所示。

图 1-9　设置 Apache 的安装路径

④ 在"系统变量"中选择变量名为"Path"，并单击"编辑"按钮。在变量值的最后添加"%HTTPD_HOME%\bin"，单击"确定"按钮，如图 1-10 所示。

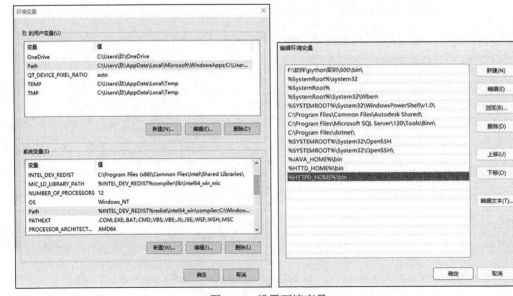

图 1-10　设置环境变量

3. Apache 服务器的配置

① 在上述文件中，单击"Apache24"→"conf"，用记事本软件打开"httpd.conf"文件，如图 1-11 所示。

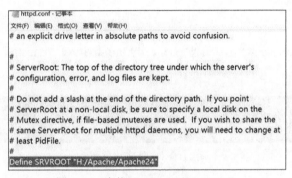

图 1-11　打开"httpd.conf"文件

② 在记事本中使用快捷键"Ctrl+F"，查找"Define SRVROOT"，如图 1-12 所示。

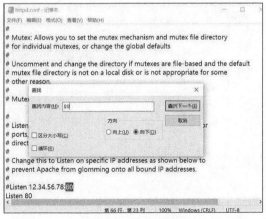

图 1-12　查找"Define SRVROOT"

③ Apache 的安装路径为"D:\DownLoad\Apache\Apache24"，如图 1-13 所示。

④ 若 80 端口被占用（可在 CMD 下使用命令"netstat-a"查看），则将 80 端口修改为其他端口保存，如图 1-14 所示。

```
#
Define SRVROOT "D:\DownLoad\Apache\Apache24"
```

图 1-13　Apache 的安装路径

图 1-14　修改 80 端口

⑤ 配置安装 Apache 的主服务器，在计算机左下角搜索 CMD，单击"以管理员身份运行"选项（务必使用管理员模式打开命令提示符），如图 1-15 所示。

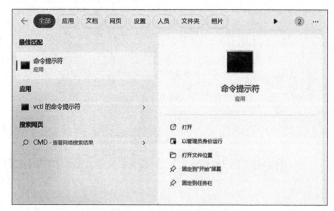

图 1-15　运行 CMD

⑥ 输入""D:\DownLoad\Apache\Apache24\bin\httpd.exe" -k install -n apache"，按 Enter 键，提示出现安装成功页面，如图 1-16 所示。

图 1-16　安装成功页面

4. Apache 服务器的启动

利用 Windows 启动 Apache 服务器。打开"计算机管理（本地）"页面，单击"服务和应用程序"→"服务"选项，选择"apache"，再单击鼠标右键，便可选择相应操作（启动、停止、重启动），如图 1-17 所示。至此安装完毕。

图 1-17　启动 Apache 服务器

1.2.3　PHP 的安装与配置

PHP 具体的安装步骤如下。

① 从官网下载 PHP，如图 1-18 所示。

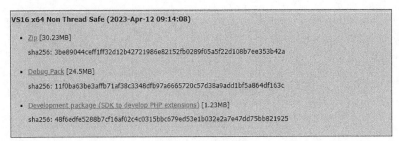

图 1-18　下载 PHP

②　进入 PHP 安装目录，复制一份"php.ini-development"，放到图 1-19 所示的安装路径下，并将其文件名改为"php.ini"。

软件 (D:) > code_environment > php-7.4.5			
名称	修改日期	类型	大小
php.exe	2020/4/15 星期...	应用程序	127 KB
php.ini	2020/4/16 星期...	配置设置	73 KB
php.ini-development	2020/4/16 星期...	INI-DEVELOPME...	73 KB
php.ini-production	2020/4/16 星期...	INI-PRODUCTIO...	73 KB
php7.dll	2020/4/15 星期...	应用程序扩展	9,126 KB
php7embed.lib	2020/4/15 星期...	Object File Library	856 KB
php7phpdbg.dll	2020/4/15 星期...	应用程序扩展	299 KB
php-cgi.exe	2020/4/15 星期...	应用程序	69 KB
phpdbg.exe	2020/4/15 星期...	应用程序	302 KB
php-win.exe	2020/4/15 星期...	应用程序	37 KB

图 1-19　将"php.ini-development"放到相应安装路径下

③　打开"php.ini"，找到"extension_dir"，去除注释符，改为 PHP 的安装路径，如图 1-20 所示。

```
extension_dir = "D:\code environment\php-7.4.5\ext"
```

图 1-20　修改安装路径

④　打开 Apache 的配置文件"conf\httpd.conf"，找到 LoadModule 区域，如图 1-21 和图 1-22 所示。

```
#在Apache中以module的方式加载PHP，"php?_module"中的"7"应和PHP的版本相对应
#此外，不同的PHP版本"php7apache2_4.d11"可能不同．
LoadModule php7_module "PHP安装路径\php7apache2_4.dll"
#告诉Apache PHP的安装路径
PHPIniDir "PHP安装路径\php-7.4.5"
```

图 1-21　Apache 的配置文件"conf\httpd.conf"

```
LoadModule xm12enc_module modules/mod_xm12enc.so

LoadModule php7_module "D:\code environment\php-7.4.5\php7apache2_4.dll"
PHPIniDir "D:\code environment\php-7.4.5"
```

图 1-22　LoadModule 区域

⑤ 查找"Addtne agnlicarion/x-gzip .gz .tgz",在其下一行添加代码"AddType application/x-httpd-php .php .html",以声明".php"".html"文件能执行 PHP 程序,如图 1-23 所示。

```
AddType application/x-compress .z
Addtne agnlicarion/x-gzin .gz .tgz
AddType application/x-httpd-php .php .html
```

图 1-23　添加代码

⑥ 测试:在 Apache 安装路径"\htdocs"下新建文件"test.php",编辑"<?php phpinfo(); ?>",启动 Apache,在浏览器输入"localhost:80/test.php",得到的界面如图 1-24 所示。

图 1-24　测试结果

1.2.4　MySQL 的安装与配置

MySQL 的安装与配置步骤如下。
① 官方网站下载页面如图 1-25 所示,单击"Download"按钮。

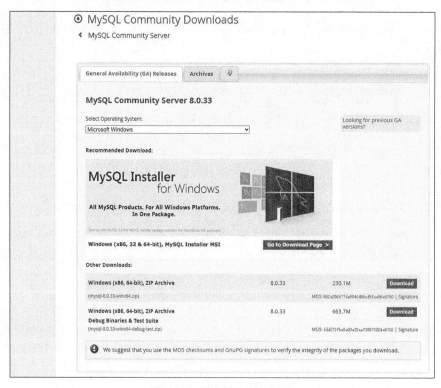

图 1-25　官方网站下载界面

下载完安装文件后，将其解压到某一个文件夹中，如图 1-26 所示（记住该路径，下文将使用）。

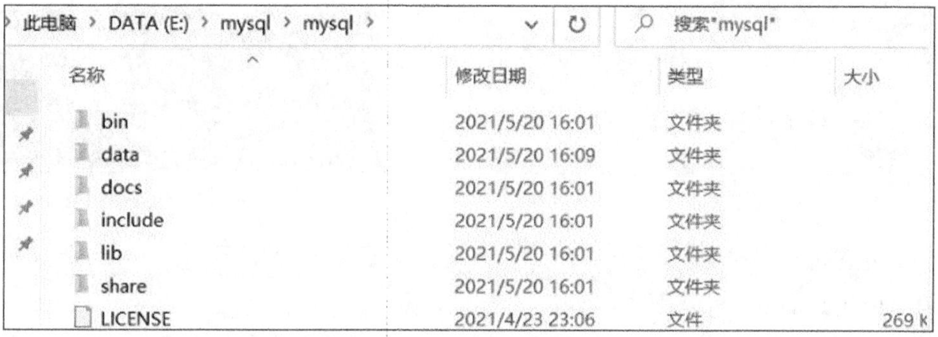

图 1-26　解压到文件夹

② 配置初始化文件 "my.ini"。

在根目录下创建一个 TXT 文件，名为 "my"，文件后缀为 ".ini"。之后复制下述代码将其放在刚创建的 TXT 文件中。（新解压的文件没有 "my.ini" 文件，需要用户自行创建）

以下代码除安装目录和数据存储目录需要修改之外，其余内容不用修改。

```
# 设置 3306 端口
port=3306
# 设置 MySQL 的安装目录      ----------是你的文件路径--------------
basedir=E:\mysql\mysql
# 设置 MySQL 数据库的数据存放目录   ----------是你的文件路径，自行创建 data 文件夹
datadir=E:\mysql\mysql\data
# 允许最大连接数
max_connections=200
# 允许连接失败的次数
max_connect_errors=10
# 服务端使用的字符集默认为 utf8mb4
character-set-server=utf8mb4
# 在创建新表时使用的默认存储引擎
default-storage-engine=INNODB
# 默认使用 "mysql_native_password" 插件认证
# mysql_native_password
default_authentication_plugin=mysql_native_password
[mysql]
# 设置 MySQL 客户端默认字符集
default-character-set=utf8mb4
[client]
# 设置 MySQL 客户端连接服务器时默认使用的端口
port=3306
default-character-set=utf8mb4
```

③ 初始化 MySQL。以管理员身份运行命令提示符，如图 1-27 所示。

进入 MySQL 的 bin 目录，命令如下，如图 1-28 所示。

图 1-27　以管理员身份运行命令提示符

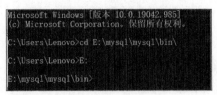

图 1-28　进入 MySQL 的 bin 目录

```
cd E:\mysql\mysql\bin\
```

在 MySQL 的 bin 目录下执行命令，具体如下。

```
mysqld --initialize -console
```

将"root@localhost:"后面的密码复制到命令中，如图 1-29 所示，保存好（":"后有一个空格，不进行复制）。

图 1-29　执行命令

④ 安装 MySQL 服务并启动，以及修改密码。

a. 安装 MySQL 服务，执行以下命令。

```
mysqld --install mysql
```

提示服务已经成功安装，如图 1-30 所示。

b. 启动 MySQL 服务，执行以下命令。

```
net start mysql
```

输入之后出现的提示如图 1-31 所示。

图 1-30　服务安装成功界面　　　　　图 1-31　服务启动成功界面

c. 连接 MySQL，执行以下命令。

```
mysql -uroot -p
```

输入之后复制刚才保存的密码，并将密码粘贴到命令台，如图 1-32 所示。

图 1-32　将密码粘贴到命令台

输入以下命令将密码修改为用户想要的密码，如图 1-33 所示。

```
ALTER USER 'root'@'localhost' IDENTIFIED BY '新的密码';
```

图 1-33　修改密码

⑤ 配置环境变量，具体操作如图 1-34 所示。这里需按序号标记的顺序执行。

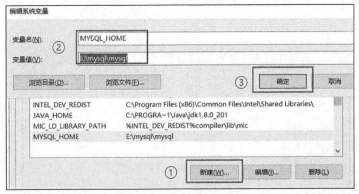

图 1-34　配置环境变量

在 path 中加入图 1-35 所示的代码。

图 1-35　在 path 中加入代码

⑥ 部分疑难杂症。

执行 "mysqld --install" 命令，如果提示该服务已存在，如图 1-36 所示，则删除该服务（使用以下代码）。

```
E:\mysql1\mysql\bin>mysqld --install
The service already exists!
```

图 1-36　服务已存在界面

```
sc delete mysql
```

然后执行"mysqld --install mysql"命令。

1.2.5　phpStudy 的简介与使用教程

1. phpStudy 简介

phpStudy 是一个 PHP 运行环境的程序集成包，用户不需要配置 PHP 运行环境便可以使用。phpStudy 是一款比较好用的 PHP 调试环境工具，包括开发工具和常用手册，可以为新手提供较大帮助。

完成安装后，phpStudy 的界面如图 1-37 所示。

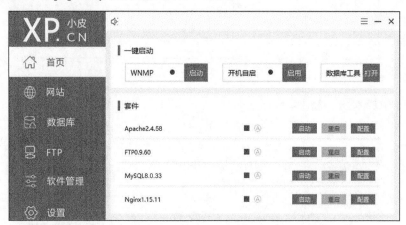

图 1-37　软件界面

2. phpStudy 的使用教程

① 打开 phpStudy，启动 Apache 和 MySQL 服务，如图 1-38 所示。

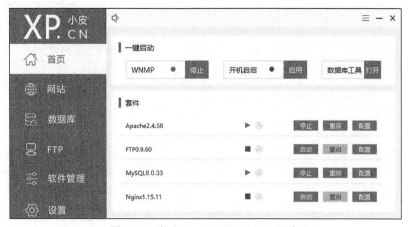

图 1-38　启动 Apache 和 MySQL 服务

② 单击"网站",单击"管理"中的"打开根目录",如图 1-39 所示。根目录中存储的是需要执行的文件,即在"WWW"目录下,如图 1-40 所示。

图 1-39 根目录

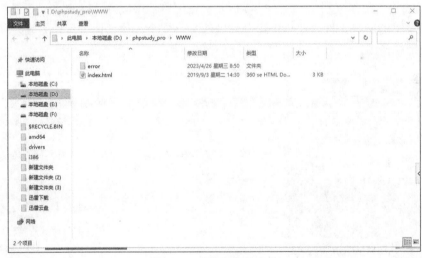

图 1-40 需要执行的文件

③ 在网站根目录文件中创建一个简单的 PHP 文件,如图 1-41 所示。

图 1-41 创建一个简单的 PHP 文件

④ 打开浏览器，输入"http://localhost/phpinfo.php"，即可打开创建的 PHP 文件。

⑤ 切换 Apache、MySQL、Nginx 和 PHP 的不同版本。在进行渗透测试时，很多漏洞针对软件的不同版本，可以随意切换软件的版本。

⑥ 打开配置文件，修改相关功能，如图 1-42 所示。

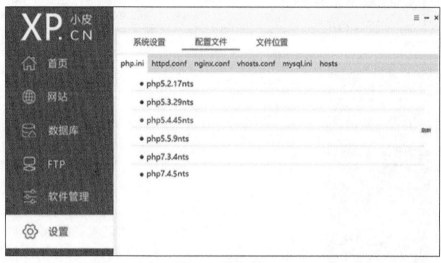

图 1-42　修改功能

⑦ 单击"网站"，单击"管理"中的"修改"。在弹出的"网站"页面中，单击"高级配置"，打开"目录索引"，如图 1-43 所示。在浏览器中输入"localhost"，就可以看到 WWW 目录下的所有文件。注意，这样的做法并不安全，建议读者仅作为学习使用，勿在实际应用中使用。

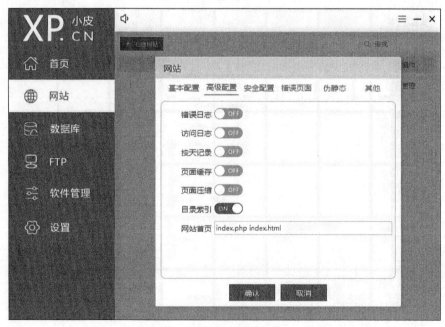

图 1-43　打开"目录索引"

练 习 题

简答题

1．简述 PHP 的主要特点。

2．Apache 服务器只支持 PHP 吗？

3．在 Apache 中，PHP 有哪两种运行方式？木书中采用的是哪种运行方式，如何进行这种运行方式的配置？

## 第2章

HTML 与 CSS

HTML 用标记来表示文本文档中的文本、图像等元素，并规定浏览器如何显示这些元素，以及如何响应用户行为。它是 SGML（标准通用标记语言）的一种应用。

串联样式表（CSS）是一种用来表现 HTML、可扩展标记语言（XML，SGML 的一个子集）等文件样式的计算机语言（样式表语言）。

◆ 学习目标

① 了解 HTML 和 CSS 的发展历史、特点及应用。

② 掌握 HTML 的基本结构和基本标记。

③ 学会利用 CSS 添加基本样式表。

④ 利用 HTML 和 CSS 制作简单的网页。

◆ 知识结构

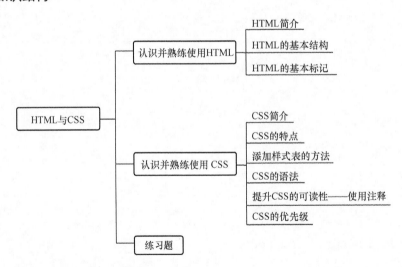

2.1 认识并熟练使用 HTML

HTML 是制作超文本文档的标记语言，由多种标记组成，标记不区分大小写，大部分标记是成对出现的。用 HTML 编写的超文本文档称为 HTML 文档，它能在各种浏览器上独立运行。

2.1.1　HTML 简介

1．HTML 的优点

HTML 的最大优势是语言结构非常简单。HTML 具有以下特点。

① HTML 的编写简单。用户即使没有任何编程经验，也可以轻松使用 HTML 来设计网页，为文本加上一些标记。

② HTML 的标记数目有限。在万维网联盟（W3C）建议使用的 HTML 规范中，所有的控制标记都是固定且数目有限的。固定是指控制标记的名称不变，且每个控制标记都已被定义，其所提供的功能与相关属性的设置都是固定的。因为在 HTML 中只能引用 Strict DTD（文档类型定义）、Transitional DTD 或 Frameset DTD 中的控制标记，且 HTML 并不允许网页设计者自行创建控制标记，所以控制标记的数目是有限的，设计者在充分了解每个控制标记的功能后，便可以设计 Web 页面了。

③ HTML 的语法规定比较松散。在 W3C 制定的 HTML 规范中，对于 HTML 在语法结构上的规格限制较松，如<HTML>、<Html>、<html>在浏览器中具有同样的功能，且不区分大小写。另外，HTML 也没有严格要求每个控制标记都要有相对应的结束控制标记，例如标记<tr>就不需要它的结束控制标记</tr>。

2．HTML 存在的不足

HTML 主要存在以下问题。

① 用户自己不能创建新控制标记。因为 HTML 不允许自定义 DTD，而 HTML 可以使用的所有控制标记都是在 DTD 中声明的，所以 Web 开发者无法依照自己的需求创建新的控制标记。

② 数据结构描述能力差。对于日新月异的互联网，HTML 格式的文件已经无法满足用户需求，因为当初在制定 HTML 规范时，HTML 文件的作用主要被定位为进行数据的显示，即如何将一篇图文并茂的文章，通过 HTML 的控制标记的修饰，顺利地在浏览器中展现，且 HTML 越简单越好，即 HTML 的数据结构描述能力较差。现在已经使用 XML 来补全这方面的不足。

③ 浏览器厂商间的竞争导致自定义控制标记的出现。各浏览器厂商自己创建新的控制标记供 Web 开发者使用，以增强网页效果，从而造成不同浏览器厂商都具备自己开发的控制标记的混乱局面。自行开发的 HTML 控制标记并不是标准的，没有经过 W3C 的认可，从而造成 HTML 控制标记的不一致，Web 开发者不得不针对不同的浏览器来设计不同版本的网页，让使用不同浏览器的用户得到相同的显示效果。

2.1.2　HTML 的基本结构

HTML 文档中必须包含<html></html>标记，并将这两个标记分别放在开始位置和结束位置，即每个文档以<html>开始，以</html>结束。<html>和</html>之间通常包含两个部分，分别是<head></head>和<body></body>。其中，<head></head>标记包含 HTML 头部信息，如 HTML 文档标题、样式定义等；<body></body>标记包含 HTML 文档主体部分（网页内容）。

需要注意的是，HTML 标记不区分大小写。

1. HTML 结构

为了便于读者整体把握 HTML 文档结构，我们通过一个 HTML 页面来介绍 HTML 文档的结构，示例代码如下。

一个基本的 HTML 文档由以下几部分构成。

```
<!doctype>
<html>
<head>
    <title>网页标题</title>
</head>
<body>
    网页内容
</body>
</html>
```

① <!doctype>声明必须位于 HTML 文档中的第一行，即位于<html>标记之前。该标记告知浏览器文档所使用的 HTML 规范。<!doctype>声明不属于 HTML 标记，它是一条指令。由于 HTML 还没有完全得到浏览器的认可，下文介绍相关内容时还采用通用标准。

② <html></html>说明本页面使用 HTML 编写，使浏览器能够准确无误地解释、显示文档内容。

③ <head></head>是 HTML 的头部标记，头部信息不显示在网页中，此标记可以保护其中的其他标记，用于说明文件标题和整个文件的一些公有属性，例如可以通过<style>标记定义 CSS，通过<script>标记定义 JavaScript 脚本文件。

④ <title></title>。<title></title>是<head></head>中的重要组成部分，所包含的内容被显示在浏览器的窗口标题栏中。如果没有<title></title>，那么浏览器标题栏只会显示本页的文件名。

⑤ <body></body>。<body></body>包含 HTML 页面的实际内容，被显示在浏览器窗口的展示区中。例如，页面中的文字、图像、动画、超级链接及其他 HTML 相关的内容都是被定义在<body></body>标记中的。

2. HTML 5 的新增结构标记

HTML 5 的新增结构标记有<footer></footer>和<header></header>，但是这两对标记还没有获得大多数浏览器的支持，这里仅进行简单介绍。

<header></header>标记用于定义文档的页面（介绍信息），使用示例如下。

```
<header>
<h1>欢迎访问主页</h1>
</header>
```

<footer></footer>标记用于定义 section 或 document 的页脚。在典型情况下，该标记会包含创作者的姓名、文档的创作日期或者联系方式。使用示例如下。

```
<footer>作者：××。联系方式：13612345678</footer>
```

3. 认识 HTML 的标记

HTML 文档由标记组成，如<html></html>标记、<body></body>标记等。标记是 HTML 最基本的单位，每一个标记都是由"<"开始、由">"结束的。HTML 标记通常是成对出现的，如<body></body>。一般情况下。成对出现的标记都是由首标记<标记名>和尾标记</标记名>（即在标记名前加上一个"/"）组成的，其作用域仅为这对标记中的内容。除了成对出现的标记外，还可能出现单独标记，如
，单独标记在相应位置插入元素即可。

　　HTML 标记可以被分为两种类型，一种是标识标记，另一种是描述标记。标识标记表示某种格式的开始或结束，如<title></title>标记表示网页的标题，<p></p>标记表示网页中的段落。描述标记也可以被称为标记的属性，其示例如下。

```
<body bgcolor=red>
```

　　在该标记中，bgcolor 标记属于描述标记，也可以被称为标记的属性，用于设置网页的背景色，"red"表示是该属性值，即当前网页背景为红色。

　　提示：在 HTML 中，注释由开始标记"<!--"和结束标记"-->"组成，两个标记之间的内容，会被浏览器解释为注释，而不在浏览器上显示。

2.1.3　HTML 的基本标记

　　大家知道，<html></html>、<head></head>、<body></body>这 3 种标记构成了 HTML 文档主体，除了这 3 种基本标记之外，还有一些其他的常用标记，如字符标记、超级链接标记、列表标记。

　　1．字符标记

　　在 HTML 文档中，不管其内容如何变化，字符始终是最小的单位。每个网页都在显示这些字符，并对这些字符进行布局，字符标记通常用于指定字符的显示方式和布局方式。

　　常用的字符标记如表 2-1 所示（表中所示均为单独标记）。

表 2-1　常用的字符标记

标记	标记名称	功能描述
 	换行标记	另起一行
<hr>	标尺标记	形成一个水平标尺
<center>	居中对齐标记	文本在网页中间显示。HTML 5 标准已抛弃此标记，但在相当长的时间段内仍可以使用该标记
<blockquote>	引用标记	引用文本内容
<pre>	预定义标记	将文本内容以源代码格式显示在浏览器上
<hn>	标题标记	有 6 级网页标题，分别为 h1~h6
<font>	字体标记	设置字体大小、颜色、字体名称。HTML 5 标准已抛弃此标记，但在相当长的时间内仍可以使用该标记
<b>	字体加粗标记	文字样式加粗显示
<i>	斜体标记	文字样式斜体显示
<sub>	下标标记	文字以下标形式出现
<u>	底线标记	文字以带底线形式出现
<sup>	上标标记	文字以上标形式出现
<address>	地址标记	文字以斜体形式表示地址

【实例 2-1】 "HTML"页面代码

```
</head>
<body>
<h1 align=center>HTML </h1>
<hr color=black align=center width=100%>
<p>HTML 的英文全称是 Hyper Text Markup Language</p>
<p>
<font align=center size=6>HTML，</font>HTML 的全称为超文本标记语言，是一种标记语言。它包
括一系列标签，通过这些标签可以将网络上的文档格式统一，使分散的互联网资源连接为一个整体。HTML 文本是
由 HTML 命令组成的描述性文本，使用 HTML 命令可以说明文字、图形、动画、声音、表格、链接等内容。
</p>
<p>
超文本是一种组织信息的方式，它通过超级链接方法将文本中的文字、图表与其他信息媒体相互关联。这种
组织信息的方式将分布在不同位置的信息资源用随机方式连接，为人们查找、检索信息提供方便。
</p>
<hr color=orange align=center width=100%>
详细信息请查询<address><b>http://www.××××.com</b></address>
</body>
</html>
```

上述代码在浏览器中的显示效果如图 2-1 所示，可以看到字体以标题、预定义文本显示，标尺 hr 以不同颜色显示。

从上述代码可以看出，标尺标记为<hr>，该标记是描述标记。其中，align 表示该标尺的对齐方式（居中、居左或居右），width 表示该标记的宽度，color 表示标记的颜色。

提示：同理，<font>标记也是描述标记，size 表示字体大小，color 表示字体颜色，font 表示字体名称。<p></p>为段落标记，会在后面的章节中进行介绍。

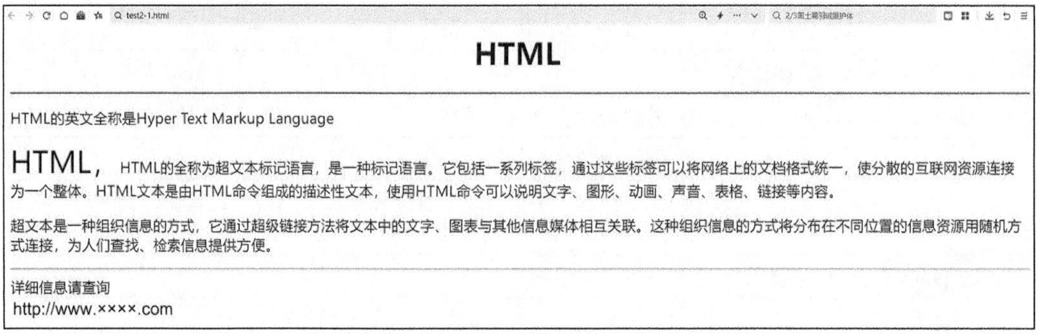

图 2-1 "HTML"页面代码在浏览器中的显示效果

2. 超级链接标记

超级链接是指从一个网页指向一个目标的连接关系。这个目标可以是另一个网页，也可以是本网页的不同位置，还可以是一张图片、一个电子邮件地址、一份文件、一个应用程序。

超级链接标记的基本格式如下。

```
<a href="资源地址">热点（链接文字或图片）</a>
```

其中，标记<a>表示一个链接的开始，</a>表示一个链接的结束；描述标记<href>定义了这个链接所指之处。单击"热点"便可以到达指定的网页，如<a href=

"http://www.×××.com">×××(该网站名称)</a>。

　　按照链接路径的不同，网页中的超级链接一般分为 3 种类型，分别是外部链接、内部链接和锚点链接。外部链接表示不同网站之间的网页链接；内部链接表示同一个网站之间的网页链接，链接资源的地址被分为绝对路径和相对路径；锚点链接通常指同一文档内的链接。

　　如果按照使用对象的不同进行分类，网页中的链接又可以分为文本链接、图像链接、电子邮件链接、多媒体文件链接、空链接等。

【实例 2-2】　"HTML 超级链接"页面代码

```
<html>
<head>
<title>HTML 超级链接</title>
</head>
<body>
<h1 align=center>首页</h1>
进入<a href="2-2.html">新闻中心</a>
</body>
</html>
```

【实例 2-3】　"HTML 学习"页面代码

```
<html>
<head>
<title>HTML 学习</title>
</head>
<body>
  <h1 align=center>新闻中心</h1>
  <a href=2-3.html>返回首页</a>
</body>
</html>
```

　　在浏览器中，【实例 2-2】和【实例 2-3】的显示效果如图 2-2 所示，可以看到"首页""新闻中心"这两个超级链接能实现页面的相互跳转。

图 2-2　【实例 2-2】和【实例 2-3】的显示效果

　　这里需要注意的是，HTML 5 标准对<a></a>标记进行了重新定义，并增加了一些新的属性，如 type、ping 和 media，也删除了 charset、coords、rev 和 shape 属性。

　　① type 规定目标 URL 的 MIME（多用于互联网邮件扩展）类型，仅在 href 属性存在时使用。

　　② ping 接收以空格分隔的 URL 列表。ping 属性仅在 href 属性存在时使用。

　　③ media 规定目标 URL 的媒介类型，默认值为 all；仅在 href 属性存在时使用。

　　提示：在 HTML 4 中，<a>标记既可以是超级链接，也可以是锚点链接，这取决于是否描述了 href 属性。而在 HTML 5 中，<a>是超级链接，但若没有 href 属性，它仅仅是超级链接的一个占位符。

3．列表标记

列表标记可以在网页中以列表的形式对文本元素进行排序。<li></li>是列表项目的标记。列表标记有 3 种，分别为有序列表、无序列表、自定义列表。列表标记如表 2-2 所示。

表 2-2　列表标记

标记	描述
<ul></ul>	无序列表
<ol></ol>	有序列表
<dl></dl>	自定义列表
<dt></dt>、<dd></dd>	自定义列表

【实例 2-4】　"HTML 列表标记"页面代码

```
<html>
<head>
<title>HTML 列表标记</title>
</head>
<body>
水果
<ul type=a>
<li>苹果</li>
<li>梨</li>
<li>香蕉</li>
<li>桃</li>
</ul>
蔬菜
<ol>
<li>西红柿</li>
<li>茄子</li>
<li>黄瓜</li>
<li>冬瓜</li>
</ol>
<dl>
<dt>色相</dt>
<dd>色彩的名称</dd>
<dd>赤橙黄绿青蓝紫</dd>
<dd>色相是一个环</dd>
<dt>饱和度</dt>
<dd>颜色的纯度</dd>
</dl>
</body>
</html>
```

在浏览器中，【实例 2-4】的显示效果如图 2-3 所示，可以看到显示了 3 种不同的列表。

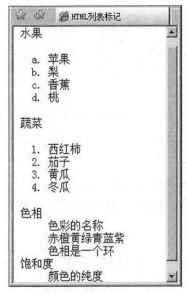

图 2-3　【实例 2-4】的显示效果

列表符号可以有下面几种形式。

① <li type=I>表示以大写 I 开始。

② <li type=i>表示以小写 i 开始。

③ <li type=A>表示以大写字母 A 开始。

④ <li type=a>表示以小写字母 a 开始，如【实例 2-4】中的水果列表。

⑤ <ol start=n >以指定的 n 开始。

2.2　认识并熟练使用 CSS

CSS 是一种用于设置网页样式的语言，可以对网页和格式进行分离，提供更强的控制页面布局的功能及更快的下载速度。在如今的网页制作中，大部分网页制作会用到 CSS。

2.2.1　CSS 简介

CSS 是一种样式表语言，配合 HTML 对网页的显示效果进行控制。CSS 产生于 1996 年，由于早期没有浏览器，很多人对它并不重视，但目前大多数浏览器支持 CSS。正因为 CSS 允许在 HTML 文档中加入一些样式，如字体的类型、颜色、大小等，所以对于网页设计者来说，它是一个十分灵活的工具，网页开发人员可以用它对网页内容与外观控制进行分离。CSS 的应用也十分灵活，可在某一行中进行定义，也可在页面的特定位置进行定义，甚至可以作为外部样式文件在网页上进行调用，真正实现外观控制功能与网页内容功能的分离。

CSS 规范是由 W3C 负责制定和颁布的，1996 年 12 月发布了 CSS 1.0，1998 年发布了 CSS 2.0。目前，CSS 2.1 和 CSS 3.0 两个版本正处于应用状态。

目前主流的浏览器 IE、Firefox 等已经将 CSS 作为事实的技术规范。

2.2.2　CSS 的特点

1. 简化网页格式代码

外部样式表会被浏览器保存在缓存中，这加快了下载和显示的速度，减少了需要上传的代码数量（因为重复设置的格式只被保存一次）。

2. 减少工作量

只要修改保存了网站格式的 CSS 文件，就可以改变整个网站的风格特色。在修改页面数量庞大的网站时，CSS 格外有用，可以避免一个个地修改网页，大大减少了重复劳动的工作量。

3. 层叠

简单地说，层叠即对一个元素多次设置同一个样式，将使用最后一次设置的属性值。例如对一个站点中的多个页面使用同一套 CSS，而某些页面中的某些元素想使用其他样式，则可以针对这些样式单独定义一个样式表，并将该样式表应用到页面中，后定义的样式将对前面的样式设置进行重写，用户在浏览器中看到的将是最后设置的样式效果。

2.2.3　添加样式表的方法

为网页添加样式表的方法有以下 4 种。

1. 在<tag>中添加样式表

直接将样式表添加在 HTML 的标识<tag></tag>中的基本格式如下。

```
<tag style="properties">网页内容</tag>
```

实例如下。

```
<p style="color: blue; font-size: 10pt">CSS 实例</p>
```

代码说明如下。

用蓝色显示字体大小为 10 pt 的"CSS 实例"。尽管使用方式简单、显示直观，但是这种方法不常用，因为这样添加样式表无法完全发挥样式表的优势——分别保存内容结构和格式控制。

2. 在<head></head>中添加样式表

将样式表添加在 HTML 的头信息标识<head></head>中的基本格式如下。

```
<head>
<style type="text/css">
<!-- 样式表的具体内容 -->
</style>
</head>
```

其中，type="text/css"表示样式表采用多用途互联网邮件扩展（MIME）类型，帮助不支持 CSS 的浏览器过滤 CSS 代码，避免在浏览器上直接以源代码的形式显示用户设置的样式表。但为了保证上述情况一定不会发生，样式表中应加上注释标识符"< !--注释内容-->"。

3．在\<head\>\</head\>中添加链接样式表

将链接样式表添加在 HTML 的头信息标识\<head\>\</head\>中的基本格式如下。

```
<head>
<link rel="stylesheet" href="*.css" type="text/css" media="screen">
</head>
```

在上述代码中，"*.css"是单独保存的样式表文件，其中不能包含\<style\>\</style\>标识，并且只能以".css"为后缀；"media"是可选的属性，表示使用样式表的网页将使用什么媒体输出，具体范围如下。

① screen（默认）：输出到计算机屏幕上。

② print：输出到打印机。

③ TV：输出到电视。

④ projection：输出到投影仪。

⑤ aural：输出到扬声器。

⑥ braille：输出到凸字触觉感知设备（如盲文打字机）。

⑦ TTY：输出到电传打字机。

⑧ all：输出到以上所有媒体设备。

如果要输出到多种媒体设备，可以用逗号分隔取值表。

rel 属性表示样式表将以何种方式与 HTML 文档结合，具体范围如下。

① stylesheet：指定一个外部的样式表。

② alternate stylesheet：指定使用一个交互样式表。

4．在\<head\>\</head\>中添加联合样式表

将联合样式表添加在 HTML 的头信息标识\<head\>\</head\>中的基本格式如下。

```
<head>
<style type="text/css">
<!--
@import "*.css"
其他样式表的声明。
-->
</style>
</head>
```

以"@import"为开头的联合样式表输入方式和链接样式表很相似，但联合样式表输入方式更有优势。因为使用联合样式表可以在外部链接样式表的同时，针对该网页的具体情况，制定别的网页不需要的样式规则。

2.2.4 CSS 的语法

CSS 的语法由 3 个部分构成，即选择器、属性和值，基本格式为 selector {property: value}。选择器通常是用户希望定义的 HTML 元素或标签；属性是用户希望改变的属性，并且每个属性都有一个值。属性和值用冒号分开，并由大括号包围，组成一个完整的样式声明，例如 body {color: blue}，这行代码的作用是将 body 元素内的文字颜色定义为蓝色。在这行代码中，body 是选择器，而被包括在大括号内的部分是声明。声明由两部

分构成，分别是属性和值：color 为属性，blue 为值。

CSS 定义语句的格式如下。

```
selector{
property:value;
property:value
}
```

定义 body 元素的实例如下。

```
Body
{
font-family:Verdana,
color:blue;
font-size:13px
}
```

2.2.5 提升 CSS 的可读性——使用注释

CSS 毕竟不是常用的自然语言，所以存在令人难以理解之处，或者代码不易读，因此在日后维护时，用户需要花费很多时间去理解代码，使用起来非常不方便。

当然，使用自然语言对 CSS 进行定义在当前情况下显然是不可能的事情，所以需要提高 CSS 代码的可读性。

对于这个问题，首选的解决方式就是使用注释。

注释是对代码的一种说明性的标记，可以使用它对程序代码进行说明，使其更加易读、易懂。CSS 中可以使用"/"和"*"的组合来标记 CSS 代码的注释，例如下面的代码定义了一行 CSS 代码注释。

```
/*这是一行注释*/
```

当然，在前面的章节中定义的 CSS 样式也可以得到更进一步的优化，具体如下。

```
body {   /* 对body标记添加样式 */
    text-align:center;   /* 设置元素中文本对齐方式为center（居中） */
    padding-top:70px;   /* 设置元素顶部填充空间为70px（像素） */
    color:#805231;   /* 设置元素的文本颜色为#805231 */
    font-family:"Monotype Corsiva";   /*设置元素中文本的字体为Monotype Corsiva */
}
```

代码是不是变得清晰易读了？

当然，没必要为有些常用的属性添加注释，如 color 等。在上述情况下，代码省去注释会显得更加简洁，所以注释不是越多越好。注释的具体使用方式视情况而定，读者灵活运用即可。

2.2.6 CSS 的优先级

CSS 的优先级是指 CSS 样式在浏览器中被解析的先后顺序。作为网页设计人员，了解这一点是十分重要的，因为这直接关系到网页的最终展示效果。

要了解 CSS 样式的优先级，必须先知道 CSS 样式规则的一个重要特性——继承性。

由于 CSS 只是一组规则，因此当重复定义规则时系统并不会产生警告或者提示，这是因为有时候需要对 CSS 样式进行重新定义而编写重复的规则。

例如在网页中导入多个样式表文件，多个样式表文件中都对 body 元素的背景进行了不同的设置，系统则自动使用最后一次匹配的样式进行展示。例如不小心在同一个样式规则中多次设置 div 标记中的文本颜色，代码如下。

```
1.   div {
2.       color:red;
3.       color:blue;
4.   }
```

上述代码为 div 标记设置了两次文本颜色属性，页面中展示的将是最后一次设置的值[这里是蓝色（blue）]。

另外，不同 CSS 样式的引入方式可能会对该原则产生影响，这一点主要体现在引入外部 CSS 文件上。

引入外部 CSS 文件有两种方式，详细说明如下。

① @import 语句引入：该语句引入的 CSS 文件内容会自动加入到当前 style 元素的顶端执行，即导入的 CSS 样式先于在当前 style 元素中配置的任何 CSS 样式执行。如果在当前的 style 元素中引入多个 CSS 文件，那么它们之间则按引入的先后顺序进行解释与执行。当然多个 style 元素相互之间没有影响。

② link 元素链入：该元素的使用比较简单，它只在使用 link 元素链入 CSS 文件的位置进行解析，链入的先后顺序以 link 标签的顺序为准。

当然，如果上升到 HTML 文档级别，则 style 元素和 link 元素执行的先后顺序以它们在 HTML 文档中的先后顺序为准。

练　习　题

一、单项选择题

1．HTML 中的<p></p>标记用于定义（　　）。

A．一个表格　　　B．一个段落　　　C．一个单元格　　　D．一个标题

2．HTML 的文档<tittle></tittle>标记用于定义（　　）。

A．单元格　　　B．区块　　　C．水平线　　　D．窗口标题

3．CSS 样式中，font-size 属性用于定义（　　）。

A．字体大小　　　B．背景颜色　　　C．边线粗细　　　D．单元格边距

二、简答题

1．简述 HTML 的优缺点。

2．简述 CSS 样式表的基本特点和语法特征。

3．添加 CSS 样式表的方式都有哪几种？

三、操作题

用 HTML 5+CSS 3.0 制作个人主页页面。

## 第 3 章

PHP 基础

PHP 独特的语法混合了 C 语言、Java、Perl 的语法及 PHP 自创的语法，因而 PHP 可以比 CGI 或者 Perl 更快速地开发动态网页。与使用其他的编程语言开发动态网页相比，使用 PHP 开发的动态网页是将程序嵌入 PHP 文档去执行，执行效率比完全生成 HTML 标记的 CGI 的效率更高。本章将介绍 PHP 语法入门基础。

◆ 学习目标

① 掌握 PHP 程序的基本结构。

② 掌握 PHP 与 HTML 相互结合的使用方法。

③ 理解 PHP 中的输出函数及使用方法。

④ 理解 PHP 中的变量与常量，以及预定义常量的使用方法。

⑤ 了解 PHP 中的数据类型。

⑥ 了解 PHP 中的运算符。

⑦ 掌握 PHP 中条件判断语句和循环控制语句的使用方法。

◆ 知识结构

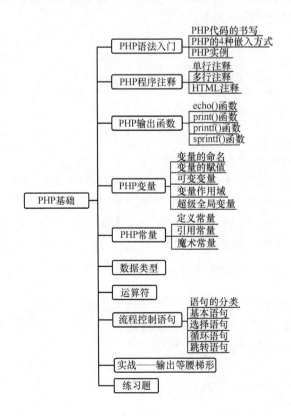

3.1 PHP 语法入门

3.1.1 PHP 代码的书写

　　PHP 文件通常是将 PHP 语句段嵌入 HTML 标记，其文件内容包含 PHP 标记和 HTML 标记两部分。要使用 PHP，就要为该语言添加开始标记和结束标记，告诉浏览器此处使用的是 PHP 脚本。

　　PHP 代码以 "<?php" 开始，以 "?>" 结束，具体如下。

```
<?php
…
?>
```

　　这种风格被称为标准风格，也可以省去 php，即常说的简短风格，具体如下。

```
<?
…
?>
```

　　除了上述两种嵌入方式外，还有两种嵌入方式：使用类似 JavaScript 的嵌入方式和使用类似 ASP 的嵌入方式，它们的标记如下。

```
/*使用类似 JavaScript 的嵌入方式*/
<script language="php">
…
</script>
/*使用类似 ASP 的嵌入方式*/
<%
…
%>
```

3.1.2 PHP 的 4 种嵌入方式

　　上述 4 种嵌入方式并不可以直接被使用，使用时的注意事项如表 3-1 所示。

表 3-1　4 种嵌入方式的对比

4 种嵌入方式	注意事项
<?php　　?>	直接使用
<?　　　?>	需要在配置文件中修改 short_open_tag=on
<script language="php"> </script>	直接使用
<%　　%>	需要在配置文件中修改 asp_tags=on

3.1.3 PHP 实例

【实例 3-1】 创建一个名称为"test1.php"的 PHP 文件,在文件中写入 HTML 标记,添加 PHP 标记,并用上述 4 种嵌入方式输入文本"我们开始学习 PHP 程序设计"

```
//方式 1
<html>
<body>
<?php
echo"我们开始学习 PHP 程序设计";
?>
</body>
</html>
//方式 2
<html>
<body>
<?
echo"我们开始学习 PHP 程序设计";
?>
</body>
</html>
//方式 3
<html>
<body>
<script language="php">
echo"我们开始学习 PHP 程序设计";
</script>
</body>
</html>
//方式 4
<html>
<body>
<%
echo"我们开始学习 PHP 程序设计";
%>
</body>
</html>
```

方式 1 的代码运行结果如图 3-1 所示(本书图中用"test"指代"实例")。

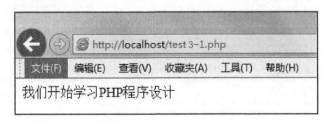

图 3-1 方式 1 的运行结果

方式 2 需要先进行图 3-2 所示的设置，再运行代码。

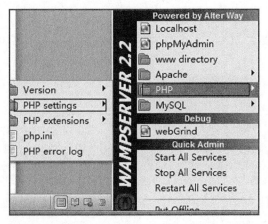

图 3-2　方式 2 的设置方法

方式 3 的代码可以直接运行。

方式 4 需要先进行图 3-2 所示的设置，再运行代码。

3.2 │ PHP 程序注释

注释能够被插入代码，对指定的代码进行解释，方便对代码进行阅读和维护。它的作用不可低估。

PHP 程序注释有两种类型，一种是单行注释，另一种是多行注释。

3.2.1　单行注释

在一行代码中，所有"//"符号右侧的文本都被视为注释，因为 PHP 解析器会忽略该代码行"//"右侧的所有内容。

【实例 3-2】　将注释和代码放在同一行，对输出语句进行注释

```php
<?php
echo "helloword"; //输出语句
?>
```

【实例 3-3】　将注释和代码放在不同行，对输出语句进行注释

```php
<?php
//输出语句
echo "helloword";
?>
```

【实例 3-4】　直接将代码注释掉

```php
<?php
//echo "helloword";
?>
```

3.2.2 多行注释

多行注释不同于单行注释，它需要有注释的开始符号与注释的结束符号，开始符号为"/*"，结束符号为"*/"。

【实例 3-5】 多行注释代码 1

```php
<?php
/*
*函数功能
*@param $param1, int 参数含义
*@param $param2, string 参数含义
*@return boolean 参数含义
*/
function func1($param1, $param2){
//将代码放在此处……
return 'somthing';
}
?>
```

3.2.3 HTML 注释

由于多行注释是针对 PHP 语句的注释，该注释对 HTML 标记和 PHP 标记无效，只能够在 PHP 语句的开始标记和结束标记之前使用。若需要注释整个 PHP 语句块，将无法得到用户满意的执行效果。

【实例 3-6】 多行注释代码 2

```php
<html>
<body>
/*
<?php
echo "我会被显示出来吗";
?>
*/
</body>
</html>
```

运行结果如图 3-3 所示。

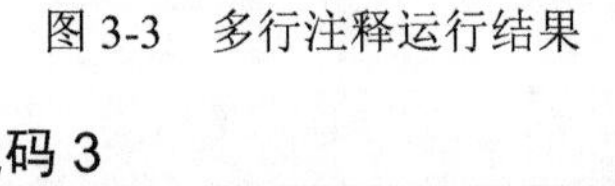

/* 我会被显示出来吗*/

图 3-3 多行注释运行结果

【实例 3-7】 多行注释代码 3

```php
<html>
<body>
<!--
<?php
echo "我会被显示出来吗";
```

```
?>
-->
</body>
</html>
```

运行上述 PHP 代码,在浏览器中不会显示任何内容。

总结:如果需要注释掉整个 PHP 语句块,则需要通过 HTML 注释来实现对 PHP 标记的彻底注释。HTML 注释的开始符号为"<!--",结束符号为"-->"。

在服务器上运行 PHP 文件时,系统会去寻找"<?php"(开始符号)与"?>"结束符号,其中的代码会被系统执行,然后返回一个 HTML 文件。此时的 HTML 代码是没有被处理过的,只有"<?php"与"?>"之间的代码才会被处理,所以 PHP 执行了,然后返回了 html<!-- /*执行 PHP 产生的 html*/ -->,在源代码中能看到,浏览器解析时会忽略注释。

3.3 PHP 输出函数

PHP 输出函数包括 echo()函数与 print()函数,以及格式化输出 printf()函数和 sprintf()函数。

3.3.1 echo()函数

echo()函数的语法定义如下。

```
void echo(string 参数 1,string 参数 2……)
```

echo()函数可以一次性输出多个字符串、HTML 标记或变量,可以使用圆括号,也可以不使用圆括号,在实际应用中一般不使用圆括号。echo()函数更像一条语句,无返回值。

【实例 3-8】 字符串的 3 种输出方法的比较

```
//方法 1:使用逗号来输出
<?php
echo "今天天气很好","我们出去玩吧";
?>
//方法 2:使用圆点来输出
<?php
echo "今天天气很好"."我们出去玩吧";
?>
//方法 3:添加括号来输出
<?php
echo ("今天天气很好"."我们出去玩吧");
?>
```

需要注意的是,在方法 3 中,不能将括号中的圆点改为逗号,否则运行结果会出错。

经过测试,在 echo()函数中,用逗号来连接字符串的方式要比直接使用圆点连接字符串更快。

【实例 3-9】　用圆点输出 echo 变量

```php
<?php
echo '1+5='. 1+5;
?>
```

运行结果如图 3-4 所示。

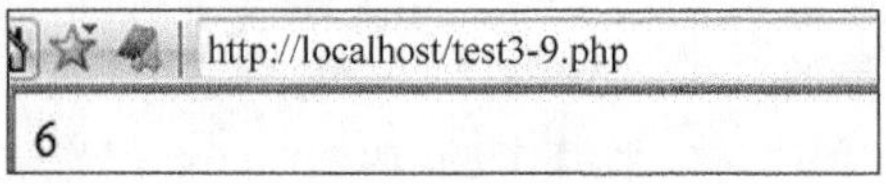

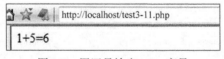

图 3-4　用圆点输出 echo 变量

上述输出结果是"6",而不是"1+5=6"。再看下面的例子。

【实例 3-10】　交换顺序用圆点输出 echo 变量

```php
<?php
echo '1+5='. 5+1;
?>
```

运行结果如图 3-5 所示。

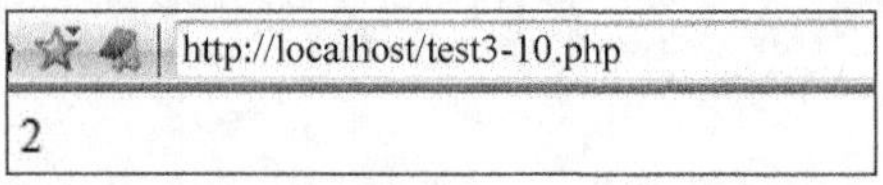

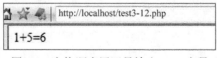

图 3-5　交换顺序用圆点输出 echo 变量运行效果

输出结果为"2",这一结果十分奇怪,在交换 5 和 1 的位置时,输出结果就变为"2"了,为什么会这样呢?难道在 PHP 中加法没有交换律?当然不是。我们先不去思考为什么,而是将上述圆点换成逗号,再进行尝试。

【实例 3-11】　用逗号输出 echo 变量

```php
<?php
echo '1+5=', 5+1;
?>
```

运行结果如图 3-6 所示。

图 3-6　用逗号输出 echo 变量

【实例 3-12】　交换顺序用逗号输出 echo 变量

```php
<?php
echo '1+5=', 1+5;
?>
```

运行结果如图 3-7 所示。

图 3-7　交换顺序用逗号输出 echo 变量

可以看出，只有使用逗号才可以得到意料之中的结果，那原因是什么呢？在【实例 3-9】中，在代码 "echo '1+5' . 1+5;" 中加上括号 ["echo ('1+5' . 1) +5;"]，得到的结果是一样的，这证明 PHP 是先连接字符串再按照从左向右的顺序进行加法计算。既然是先连接字符串，则应该是"1+51"，再为这个字符串增加 5，那为什么会输出 6 呢？

上述内容与 PHP 中的字符串变成数字的机制相关，来看下述例子。

```
echo (int)'abc1';   //输出 0
echo (int)'1abc';   //输出 1
echo (int)'2abc';   //输出 2
echo (int)'22abc';  //输出 22
```

从上述例子可以看出，如果将一个字符串强制转换成一个数字，PHP 会搜索该字符串的开头，如果开头是数字则进行转换，如果不是数字则直接返回 0。回到上文中的 "1+5"，既然这个字符串是 "1+5"，所以强制进行类型转换后应为 1，在此基础上加上 5，结果当然为 6。

为了证明上文中的猜想，以下述例子来进行验证。

```
echo '5+1='  . 1+5;  //输出 10
echo '5+1='  . 5+1;  //输出 6
echo '1+5='  . 1+5;  //输出 6
echo '1+5='  . 5+1;  //输出 2
```

结果证明，上文中的设想是正确的。那么为什么使用逗号就不会出现上述问题呢？使用逗号代表多参数，换句话说，使用逗号进行分隔，相当于 N 个参数，即将 echo 看作函数使用。

如上文所述，echo 会先对每个参数进行计算，然后进行字符串连接，最后输出，所以使用逗号不会出现上述问题。

3.3.2　print()函数

print()函数输出一个或多个字符串，可以使用圆括号，也可以不使用圆括号，在实际应用中，一般不用圆括号。print()函数有返回值，其返回值为 1，当其执行失败时返回 0。

【实例 3-13】　print()函数的应用

```
<?php
print("我们开始学习 print 函数")."<br>";
print "我们开始学习 print 函数"."<br>";
echo print("我们开始学习 print 函数")."<br>";
?>
```

运行结果如图 3-8 所示。

图 3-8　print()函数的运行结果（使用圆点）

如果把上述 print()函数中的圆点换成逗号，得到运行结果如图 3-9 所示。

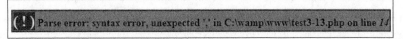

Parse error: syntax error, unexpected ',' in C:\wamp\www\test3-13.php on line 14

图 3-9　print()函数的运行结果（使用逗号）

根据上述内容可以总结出 echo()函数和 print()函数之间的区别，如表 3-2 所示。

表 3-2　echo()函数和 print()函数之间的区别

函数名	有无返回值	分隔符	返回值类型
echo()	无返回值	可使用逗号或者圆点	无
print()	有返回值	只能使用圆点	1 或者 0

3.3.3　printf()函数

print()函数和 echo()函数均可输出指定的文字、变量和返回值，但是其输出结果是没有格式的，printf()函数的返回值是字符串长度，只是简单的文字形式。下面介绍 printf()函数，该函数可以格式化输出。

格式化字符串包括两部分内容，一部分是正常字符，这些字符将按原样输出；另一部分是格式化规定字符，以"%"开始，后跟一个或几个规定字符，用于确定输出内容格式。

参量表是需要输出的一系列参数，其个数必须与格式化字符串所说明的输出参数个数一样，各参数之间用","分开，且顺序一一对应，否则会出现令人意想不到的错误。

常用类型转换符如下。

- %b：整数转换为二进制数。
- %c：整数转换为 ASCII 码。
- %d：整数转换为有符号十进制数。
- %f：倍精度型转换为浮点型。
- %o：整数转换为八进制数。
- %s：整数转换为字符串。
- %u：整数转无符号十进制数。
- %x：整数转十六进制数（小写）。

【实例 3-14】　分别使用数字 20 的"%d"格式和"%f"格式，输出"这本书 20 元"的文本

```php
<?php
printf("这本书%d元","20");
echo "<br>";
printf("这本书%f元","20");
echo "<br>";
```

```
echo printf("这本书%f 元","20");
?>
```

运行结果如图 3-10 所示。

> http://localhost/test3-14.php
>
> 这本书20元
> 这本书20.000000元
> 这本书20.000000元21

图 3-10　printf()函数的运行结果

在图 3-10 中，21 是 printf()函数的返回值——字符串的长度为 21，需要使用 echo()函数才能输出。

3.3.4　sprintf()函数

printf()函数的返回值是字符串长度，而 sprintf()函数的返回值是字符串本身，因此，sprintf()函数必须通过 echo()函数才能输出。

【实例 3-15】　使用 sprintf()函数输出

```
<?php
echo sprintf("这本书%f 元","20");
?>
```

运行结果如图 3-11 所示。

> 这本书20元

图 3-11　sprintf()函数的运行结果

如果省略 echo()函数，则浏览器中的输出为空。

PHP 中的 sprintf()函数和 printf()函数的用法和 C 语言中的 printf()函数非常相似，经常使用 sprintf()函数将十进制数转换成其他进制数。

【实例 3-16】　使用 sprintf()函数进行进制数的转换

```
<?php
echo sprintf("%b","20");
?>
```

运行结果如图 3-12 所示，即将十进制的 20 转换成二进制的 10100。

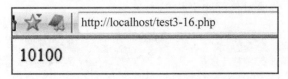

> http://localhost/test3-16.php
>
> 10100

图 3-12　使用 sprintf()函数进行进制数转换的运行结果

3.4 PHP 变量

变量用于存储如数字、字符串、数组等内容。一旦设置了某个变量，则可以在脚本中重复使用它。PHP 变量必须以"$"符号开始，再加上变量名称。

3.4.1 变量的命名

变量的命名规则如下。

① 变量名称必须以字母或者下划线"_"为开头，其后面跟上任意数量的字母、数字或者下划线。

② 变量名称不能以数字为开头，中间不能有空格及运算符。

③ 变量名称严格区分大小写，即"$UserName"与"$username"是不同的变量。

④ 为避免变量的命名产生冲突，变量名称不允许使用与 PHP 内置函数名相同的名称。

⑤ 在为变量命名时，尽量使用有意义的字符串。

【实例 3-17】 变量命名实例

```
$_myname;    //合法，但是不推荐使用，它与超级全局变量很相似
$name;       //合法，推荐使用
$123name;    //不合法，变量名称不允许以数字开头
$user_name;  //合法，推荐使用
$user&name;  //不合法，变量名不允许包含"&"符号
$用户名;      //不合法，PHP 不允许使用汉字或多字节字符作为变量名称
```

在上述变量中，有些变量名称理论上是允许的，但是在实际开发中却是不规范的，因此尽量使用标准的英文来为变量命名，而不要随意命名变量，以保证命名的变量见名知意。

3.4.2 变量的赋值

变量的赋值有两种方式，分别是传值赋值和引用赋值。这两种赋值方式在数据的处理方式上存在很大差别。

1. 传值赋值

这种赋值方式使用"="直接将一个变量（或表达式）的值赋给另一个变量。使用这种赋值方式时，等号两边的变量值互不影响，任何一个变量值的变化都不会影响另一个变量的变量值，如图 3-13 所示。从根本上讲，传值赋值是通过在存储区域复制一个变量的副本来实现的，传值赋值的实例代码如下。

图 3-13　传值赋值示意

【实例 3-18】 传值赋值

```php
<?php
$a=33;
$b=$a;
$b=44;
echo "变量a的值为".$a."<br>";
echo "变量b的值为".$b;
?>
```

在上述代码中，执行"$a = 33"语句时，系统会在内存中为变量 a 开辟一个存储空间，并将数值"33"存储到该存储空间中。

在执行"$b = $a"语句时，系统会在内存中为变量 b 开辟一个存储空间，并将变量 a 所指向的存储空间中的内容复制到变量 b 所指向的存储空间中。

在执行"$b = 44"语句时，系统将在变量 b 所指向的存储空间中保存的值更改为"44"，而在变量 a 所指向的存储空间中保存的值仍然是"33"。

运行结果如图 3-14 所示。

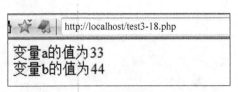

图 3-14　传值赋值的运行结果

2. 引用赋值

引用赋值同样使用"="将一个变量的值赋给另一个变量，但是需要在"="右侧的变量前加上一个"&"符号。实际上这种赋值方式并不是真正意义上的为变量赋值，而是相当于一个变量引用另一个变量。在使用引用赋值的时候，两个变量将会指向内存中的同一个存储空间，如图 3-15 所示。在引用赋值中，任何一个变量的变化都会引起另外一个变量的变化。引用赋值的实例代码如下。

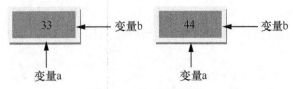

图 3-15　引用赋值示意

【实例 3-19】 引用赋值

```php
<?php
$a=33;
$b=&$a;
$b=44;
echo "变量a的值为".$a."<br>";
echo "变量b的值为".$b;
?>
```

在上述代码中，执行"$a = 33"语句时，对内存进行操作的过程与传值赋值相同，不再介绍。执行"$b = &$a"语句后，变量 b 将会指向变量 a 所占有的存储空间。在执行"$b = 44"语句后，在变量 b 所指向的存储空间中保存的值变为"44"。此时由于变量 a 也指向此存储空间，所以变量 a 的值也会变为"44"。

运行结果如图 3-16 所示。

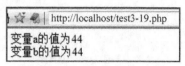

图 3-16 引用赋值的运行结果

3.4.3 可变变量

可变变量是指一个变量的变量名称可以动态地进行设置和使用，有些资料将其称为"变量的变量"。

【实例 3-20】 可变变量

```php
<?php
$a = "hello";
$$a = "world";
echo $a, "<br>", $aa, "<br>", $hello;
?>
```

运行结果如图 3-17 所示。

在上述例子中，通过使用两个"$"符号，可以把变量值"hello"设置成一个变量名称。

3.4.4 变量作用域

```
http://localhost/test3-20.php

hello
world
world
```

图 3-17 可变变量的运行结果

在使用 PHP 进行网站开发的时候，程序设计人员可以在大部分位置声明变量，但是变量声明位置及声明方式的不同决定了变量作用域的不同。变量作用域明确了变量在哪些范围内能被使用，在哪些范围内不能被使用。PHP 中的变量按照作用域的不同可以被分为局部变量、全局变量和静态变量。

1. 局部变量

局部变量是在某一函数体内声明的变量，该变量的使用仅限于其所在的函数体的内部。如果在该函数体的外部引用这个变量，则系统将会认为引用的是另外一个变量。

局部变量的应用示例代码如下。

【实例 3-21】 局部变量

```php
<?php
function local(){
$a = 10;          //在函数体内部声明一个变量 a 并赋值
echo "函数内部变量 a 的值为".$a."<br>";
}
local();          //调用 local()函数，用于打印变量 a 的值
$a = 20;          //在函数外部再次声明变量 a 并赋另一个值
echo "函数外部变量 a 的值为".$a;
?>
```

运行结果如图 3-18 所示。

图 3-18　局部变量的应用

2. 全局变量

全局变量可以在程序的任意地方被引用，这种变量的作用范围是最广泛的。要将一个变量声明为全局变量，只需要在该变量前面加上关键字"global"或"GLOBAL"，不区分大小写。使用全局变量，能够实现在函数内部引用函数外部的变量，或者在函数外部引用函数内部的变量。

应用全局变量的示例代码如下。

【实例 3-22】　全局变量，在函数内部引用函数外部的变量

```php
<?php
$a = 10;                    //在函数外部定义一个变量a
function local(){
global $a;                  //将变量a声明为全局变量
echo "在local()函数内部获得变量a的值为".$a."<br>";
}
local();                    //调用local()函数，用于输出local()函数外部变量a的值
?>
```

在浏览器中的输出结果如图 3-19 所示。

http://localhost/test3-22.php

在local()函数内部获得变量a的值为10

图 3-19　在函数内部引用函数外部的变量

【实例 3-23】　全局变量，在函数外部引用函数内部的变量

```php
<?php
$a = 10;                     //在函数外部定义一个变量a
function local(){
global $a;                   //将变量a声明为全局变量
$a=20;                       //修改变量的值
echo "在local函数内部获得变量a的值为".$a."<br>";
}
local();                     //调用local()函数，用于输出local()函数内部变量a的值
echo"函数外部输出变量a的值为",$a; //输出local()函数外部变量a的值
?>
```

运行结果如图 3-20 所示。

3. 静态变量

函数执行时所产生的临时变量，在函数执行结束时就会自动消失。当然，因为程序需要，如果不希望循环过程中每次函数执行结束时变量

http://localhost/test3-23.php

在local函数内部获得变量a的值为20
函数外部输出变量a的值为20

图 3-20　在函数外部引用函数内部的变量

消失,那么应采用静态变量,静态变量是指用"static"关键字声明的变量,这种变量与局部变量之间的区别在于静态变量离开作用范围后,它的值不会自动消失,而是继续存在,当下次再用到它的时候,可以使用最近一次的值。

应用静态变量的示例代码如下。

【实例 3-24】 静态变量

```php
<?php
function add()
{
static $a = 10;
$a++;
echo $a."<br >";
}
add ();
add ();
add ();
?>
```

运行结果如图 3-21 所示。

这段程序中定义了一个 add()函数,然后分 3 次调用 add()函数。

如果变量 a 为局部变量,那么这段代码中 3 次调用的输出应该都是 10。但是,变量 a 在声明的时候被加上了 static 关键字,这标志着变量 a 在 add()函数内

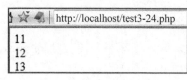

图 3-21　静态变量的应用

部为一个静态变量,具备记忆自身值的功能,当第 1 次调用 add()函数时,变量 a 由于自加变为 1,这时变量 a 将记住自己不再是 0 而是 1,当再次调用 add()函数时,变量 a 再一次自加,由 1 变成了 2……我们由此可以看出静态变量的特性。

3.4.5　超级全局变量

超级全局变量也称为预定义变量,是 PHP 系统中的自带变量,它可以让程序设计变得更加方便、快捷。它的类型具体如下。

① $GLOBALS:这种全局变量可以在 PHP 脚本中的任意位置被访问(从函数或方法中均可),该数组的键名为全局变量的名称,从 PHP 3 开始就存在$GLOBALS 数组。

② $_SERVER:变量由 Web 服务器设定或者直接与当前脚本的执行环境相关联,类似于旧数组。

③ $_GET:经由 URL 请求提交至脚本的变量。

④ $_POST:经由 HTTP POST 方法提交至脚本的变量。

⑤ $_COOKIE:经由 HTTP Cookies 方法提交至脚本的变量。

⑥ $_FILES:经由 HTTP POST 文件上传而提交至脚本的变量。

⑦ $_ENV:由当前脚本的执行环境提交至脚本的变量。

⑧ $_REQUEST:经由 GET、POST 和 Cookies 机制提交至脚本的变量。

⑨ $_SESSION:当前用户会话保存的变量。

【实例 3-25】　超级全局变量$_SERVER

```php
<?php
echo "当前文件为".$_SERVER["PHP_SELF"];
echo "<br>";
echo "当前服务器的IP地址为".$_SERVER["SERVER_ADDR"];
?>
```

运行结果如图 3-22 所示。

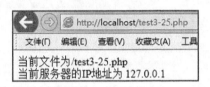

图 3-22　超级全局变量$_SERVER 的应用

【实例 3-26】　超级全局变量$_REQUEST

```php
<html>
<body>
<formmethod="post" action="<?phpecho$_SERVER['PHP_SELF'];?>">
Name:<inputtype="text" name="fname"/>
<inputtype="submit"/>
</form>
<?php
$name=$_REQUEST['fname'];
echo $name;
?>
</body>
</html>
```

运行结果如图 3-23 所示。

图 3-23　超级全局变量$_REQUEST 的应用

3.5　PHP 常量

　　PHP 常量是一个简单值的标识符（名称）。如同其名称所暗示的，在脚本执行期间不能改变该值（除了魔术常量，魔术常量其实不是常量）。

　　PHP 常量默认为对大小写敏感。传统的常量标识符总是采用大写形式。

　　PHP 常量名称和其他任何 PHP 标签遵循同样的命名规则。合法的常量名称以字母或下划线开始，后面跟着任何字母、数字或下划线。

3.5.1　定义常量

PHP 中通过 define()函数实现常量的定义，其基本语法如下。

```
define("常量名称",常量值[,可选参数取值为 true 或 false])
```

合法的常量名称如下。

```
define("NAME","lixiangyi");
define("NAME2","lixiangyi19");
define("NAME_2","lixiangyi1984");
```

非法的常量名称如下。

```
define("2NAME","lixiangyi");
```

下面的常量定义是合法的，但应该避免（自定义常量不要以"__"开头）。

```
define("__NAME__","lixiangyi1984");
```

常量的定义很简单，但是需要注意以下事项。

① 常量前面没有"$"。
② 定义常量以后，不能重新定义常量或取消定义。
③ 常量是全局的，可以在脚本的任何位置引用。

3.5.2　引用常量

【实例 3-27】　引用常量

```
<?php
define("PI",3.1415926);
$r=5;
$area=PI*$r*$r;
echo "半径为",$r,"的圆的面积是",$area;
?>
```

运行结果如图 3-24 所示。

图 3-24　引用常量

3.5.3　魔术常量

PHP 向它运行的所有脚本提供了大量的预定义常量。不过，很多常量是由不同的扩展库定义的，只有在加载了这些扩展库之后才会出现，或者在编译时已经将这些常量包括进去了。

有 6 个魔术常量会根据它们使用的位置而改变，例如"__LINE__"的值依赖它在脚本中所处的行。这些特殊的常量不区分大小写，如表 3-3 所示。

表 3-3　魔术常量列表

魔术常量	名称	说明
__LINE__	行号	文件中的当前行号
__FILE__	文件名	文件的完整路径和文件名
__FUNCTION__	函数名	函数被定义时的名称（区分大小写）
__CLASS__	类名	类名称，返回该类被定义时的名称（区分大小写）
__METHOD__	方法名	返回该方法被定义时的名称（区分大小写）
__DIR__	目录名	返回当前脚本的目录

【实例 3-28】　魔术常量

```php
<?php
class magic{
function showMagic(){
echo "当前行号为".__LINE__."<br>";
echo "当前文件所在路径".__FILE__."<br>";
echo "当前函数名称".__FUNCTION__."<br>";
echo "类名为".__CLASS__."<br>";
echo "方法名为".__METHOD__."<br>";
echo "目录名为".__DIR__."<br>";
}
}
$test=new magic();
$test->showMagic();
?>
```

运行结果如图 3-25 所示。

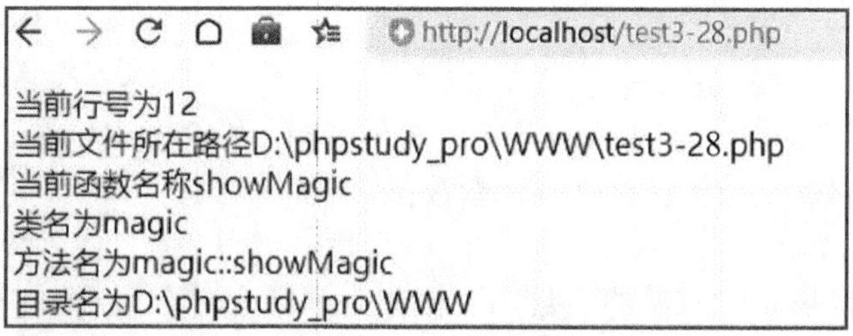

图 3-25　魔术常量

3.6　数据类型

　　数据类型是具有相同特性的数据的统称。PHP 早期版本提供了丰富的数据类型，在 PHP 5 中又对数据类型进行了补充。数据类型可以分为 3 类，分别是标量数据类型、复合数据类型和特殊数据类型，如表 3-4 所示。

表 3-4　数据分类及其类型

分类	数据类型	
标量数据类型	整型、浮点型	布尔型、字符串
复合数据类型	数组、对象	
特殊数据类型	资源	

1. 整型数据

PHP 中的整型数据指不包含小数部分的数据。在 32 位操作系统中，整型数据的有效范围为−2147483648～+2147483647。整型数据可以用十进制（基数为 10）、八进制（基数为 8，以 0 为前缀）或十六进制（基数为 16，以 0x 为前缀）表示，并且可以包含 "+" "−"。

【实例 3-29】　输出整型数据

```php
<?php
$a = 40; //十进制整型数据
$b = -040; //八进制整型数据
$c = 0x40; //十六进制整型数据
echo $a."<br>";
echo $b."<br>";
echo $c;
?>
```

运行结果如图 3-26 所示。

图 3-26　输出整型数据

如果给定的数字超出了整型数据规定的有效范围，则会发生数据溢出。对于这种情况，PHP 会自动将整型数据转化为浮点型数据。

2. 浮点型数据

浮点型数据就是通常所说的实数，可被分为单精度浮点型数据和双精度浮点型数据。浮点型数据主要用于仅使用简单整型数据无法表示的形式，如长度、重量等数据的表示。

【实例 3-30】　输出浮点型数据

```php
<?php
$a = 1.2;
$b = -0.34;
$c = 1.8e4; //该浮点型数据表示为1.8×10⁴
echo $a."<br>";
echo $b."<br>";
echo $c;
?>
```

在浏览器中的输出结果如图 3-27 所示。

3. 布尔型数据

布尔型数据是在 PHP 4 中开始出现的，一个
布尔型数据只有"true"和"false"两种取值，分
别对应逻辑"真"与逻辑"假"。布尔型变量的用
法如下述代码所示。在使用布尔型数据时，"true"
"false"这两个取值不区分大小写，即"TRUE"和
"FALSE"同样正确。

图 3-27 输出浮点型数据

【实例 3-31】 输出布尔型数据

```php
<?php
$a = true;
$b = false;
echo $a;
echo $b;
?>
```

运行结果如图 3-28 所示。

当布尔值为"true"时，上述代码的输出为 1；
当布尔值为"false"时，上述代码的输出为空。

4. 字符串数据

字符串数据是一个字符序列。组成字符串的
字符是任意的，可以是字母、数字，也可以是符

图 3-28 输出布尔型数据

号。PHP 中没有对字符串的最大长度进行严格的规定。在 PHP 中，定义字符串有 3 种方
式，分别为使用单引号（'）、使用双引号（"）和使用定界符（<<<）。下面是一个使用字
符串数据的实例。

【实例 3-32】 输出字符串 1

```php
<?php
$teacher= "教师";
echo "我是$teacher "."<br>";
echo '我是$teacher '.'<br>';
echo <<<begin
大家好 我是一个{$teacher }
begin;
?>
```

运行结果如图 3-29 所示。

图 3-29 输出字符串 1

在 PHP 中，单引号和双引号之间的最大区别在于双引号比单引号多一步解析。双引
号会解析双引号中的变量及转义字符，而单引号则不管内容是什么，都作为字符串输出。

在双引号中，中文和变量一起使用时，最好用{}括住变量，或变量前后的字符串用双引号，再用"."与变量相连。

【实例 3-33】 输出字符串 2

```php
<?php
$teacher= "教师";
echo "我是$teacher 你们是吗？ "."<br>";
echo '我是$teacher '.'<br>';
echo <<<begin
大家好 我是一个{$teacher }
begin;
?>
```

运行结果如图 3-30 所示。

图 3-30　输出字符串 2

5．数组

数组是把具有相同数据类型的项集合在一起进行处理，并按照特定的方式对它们进行排列和引用，例如在一个数组中放置多个数组值。在 PHP 中，按顺序排列数组中的值可以通过数组的排列号码（keys）加上数组名称来获得。keys 可以是一个简单的数值，指示某个数值在系列中的位置；也可以是与数值的关联关系。

【实例 3-34】 数组赋值

```php
$array[0]='PHP';
$array[1]='ASP';
$array[2]='JSP';
$array["name"]='java';
```

上述代码只是简单介绍了数组的示例，我们会在后面的章节中详细介绍数组和对象。

6．对象

对象是一个具体概念，创建一个对象首先要创建一个类，然后才可以使用 new 实例化类的对象，将实例对象保存到一个变量中，然后访问对象的属性、方式和其他成员。

例如，每个学校都有老师，每个老师的信息都包含姓名、年龄、出生日期、联系电话等基本信息。老师也会进行教书、备课等活动（动作），我们将这些基本信息和动作放到类中，然后在类中声明变量以表示这些信息。在使用类时，每使用 new 创建一个实例就表示创建了一个教师对象。

【实例 3-35】 输出对象

```php
<?php
class Teacher{
private $teacherName;
```

```
function  teach($name)
{
$teacherName=$name;
echo $teacherName."对学生们说：早上好";
}
}
$tea=new Teacher();
$tea->teach("李老师");
?>
```

运行结果如图 3-31 所示。

李老师对学生们说：早上好

图 3-31　输出对象

资源作为特殊数据类型，在此不再展开介绍。

3.7　运算符

在 PHP 程序中，任何具有返回值的语句都可以被看作表达式，即表达式是一个短语，能够执行一个动作，并且具有返回值。一个表达式通常由两部分组成，一部分是操作数，另一部分是运算符。

PHP 的运算符包括算术运算符、赋值运算符、比较运算符、逻辑运算符、位运算符、三元运算符、递增与递减运算符、错误控制运算符等。表 3-5 展示了常见的运算符。

表 3-5　常见的运算符

运算符类别	运算符
算术运算符	+、−、*、/、%
赋值运算符	=、+=、−+、*=、/=、%=
比较运算符	>、<、>=、<=、==、===、!=、<>、!==
逻辑运算符	and、&&、or、‖、!、xor
位运算符	&、|、^、~、<<、>>
三元运算符	? :
递增与递减运算符	++、−
错误控制运算符	@

下面以几个运算符为例，进行具体代码实例的讲解。

【实例 3-36】 比较运算符

```php
<?php
$x="123";
$y= 123
var_dump($x==$y);
var_dump($x===$y);
var_dump($x!=$y);
var_dump($x<>$y);
var_dump($x!==$y);
?>
```

运行结果如图 3-32 所示。

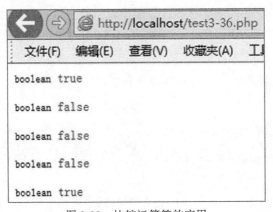

图 3-32　比较运算符的应用

由上述例子可以总结出比较运算符"=="">==="之间的区别。
① "=="只比较数值是否相等，不比较数据类型是否相同。
② "==="不仅比较数值是否相等，还比较数据类型是否相同。
③ "!=""<>"只比较数值是否不相等，不比较数据类型是否不相同。
④ "!=="不仅比较数值是否不相等，还要比较数据类型是否不相同。

【实例 3-37】 利用三元运算符找出两个数字中最大的数字

```php
<?php
$a=10;
$b=20;
echo "最大值为", $a>$b?$a:$b;
?>
```

运行结果如图 3-33 所示。

图 3-33　【实例 3-37】的运行结果

【实例 3-38】 利用三元运算符找出 3 个数字中最大的数字

```php
<?php
```

```
$a=10;
$b=40;
$c=30;
echo $a>$b?($a>$c?$a:$c):($b>$c?$b:$c);
?>
```

运行结果如图 3-34 所示。

图 3-34　【实例 3-38】的运行结果

3.8　流程控制语句

语句是日常生活中不可缺少的存在，人们通过语句相互交流达到沟通的目的。程序中的语句是人与计算机之间的交互，人们通过语句向计算机发出命令或数据信息，以实现某种功能。

目前常用的编程语言（如 Java 和 C#）的语句分类和语法格式相差不大，有过其他编程语言基础的读者在学习本章内容时，只需要了解各编程语言间的差别。

3.8.1　语句的分类

语句是程序的基本组成。语句又被分为多种类型，例如基本语句、选择语句、循环语句、跳转语句等。

- 选择语句包括 if、if…else、switch…case。
- 循环语句包括 for、while、do…while、foreach。
- 跳转语句包括 break、continue、return。

除了基于执行顺序的分类外，PHP 语句在功能上还有其他几种类型，例如空语句、赋值语句、返回值语句等。

3.8.2　基本语句

没有特别说明的语句都按顺序执行，无论如何执行语句，语句结构和语法均是固定的。语句可长可短，长语句可以写在多行代码上，两行代码之间不需要连接符。语句用分号结尾，而单独的分号可构成一个短语句。

分号是语句不可缺少的结尾元素；语句与语句之间用分号隔开，语句间可以有空格或换行符。

3.8.3 选择语句

如同人们在生活中会进行不同的选择，程序中也存在着不同选择。

例如登录邮箱，当用户名、密码正确的时候，用户便可以成功登录邮箱；但只要密码或者用户名有误，用户就会登录失败，这就是一种选择。PHP 提供了多种选择语句类型，能够满足不同的程序需求。

1. if 语句

if 语句用于指定条件为 true 时代码的执行，语法如下。

```
if(条件)
{
当条件为 true 时执行的代码
}
```

【实例 3-39】　if 语句的使用

```
<?php
$score=80;
if($score>60)
{
echo "及格了";
}
?>
```

运行结果如图 3-35 所示。

图 3-35　【实例 3-39】的运行结果

2. if…else 语句

该语句在指定条件为 true 时执行代码，在指定条件为 false 时执行另一段代码，语法如下。

```
if(条件){
语句块 1;
}else
{
语句块 2;
}
```

【实例 3-40】　if…else 语句的使用

```
<?php
$score=50;
if($score>60)
{
echo "及格了！";
}
```

```
else{
echo "不及格！";
}
?>
```

运行结果如图 3-36 所示。

图 3-36　【实例 3-40】的运行结果

3. if···elseif···else 语句

该语句选择若干个语句块之一来执行，语法如下。

```
if(条件 1)
{语句块 1}
elseif(条件 2)
{语句块 2}
elseif(条件 3)
{语句块 3}
…
else
{条件为 false 时执行的语句块}
```

【实例 3-41】　if···elseif···else 语句的使用

```
<form method="post" action="">
  请输入学生成绩：
<input type="text" name="score">
<input type="submit" value="判断">
</form>
<?php
$score=$_POST["score"];
if($score>=90)
{
echo "优秀！";
}
elseif($score>=80){
echo "良好！";
}
elseif($score>=60){
echo "及格！";
}
else
echo "不及格！";
?>
```

运行结果如图 3-37 所示。

图 3-37 【实例 3-41】的运行结果

4. switch…case 语句

if…else 语句、if 语句的条件表达式可以是一个范围，也可以是一个具体的值，而 switch…case 语句的条件表达式是具体的值，语法如下。

```
switch(条件表达式)
{
case 常量1:
语句块1;
break;
case 常量2:
语句块2;
break;
case 常量3:
语句块3;
break;
…
{default}
}
```

需要注意以下几点。

① switch 语句只使用一个{}包含整个语句块。

② switch 语句和 if 语句不同，当条件符合在执行完当前 case 语句后，不会默认跳出条件判断，而是继续执行下一条 case 语句；在使用 break 语句后，程序将跳出 switch 语句块，执行后面的语句。

【实例 3-42】 人们根据天气和温度来决定穿什么衣服

```
<?php
$season="秋天";
switch($season){
case  "春天":
$dress="风衣";
break;
case  "夏天":
$dress="裙子";
break;
case  "秋天":
$dress="大衣";
break;
```

```
case  "冬天":
$dress="棉衣";
break;
}
echo "当前季节为".$season.", 您可以穿".$dress;
?>
```

运行结果如图 3-38 所示。

图 3-38　【实例 3-42】的运行结果

3.8.4　循环语句

循环语句用于循环执行特定语句块，直到循环终止条件成立或遇到跳转语句。

循环语句简化了重复操作的过程，可根据条件循环执行指定语句或语句块。循环语句可以分为 4 种，具体如下。

① for：循环执行一个语句或语句块，但在每次重复执行前先验证循环条件是否成立。

② while：先执行条件判断，再循环执行语句块。

③ do…while：先循环执行语句块，再执行条件判断。

④ foreach：将数组元素依次嵌入语句组。

1. for 语句

语法格式如下。

```
for(表达式 1; 表达式 2; 表达式 3)
{
语句块
}
```

执行顺序如下。

表达式 1 是初始语句，如果在执行 for 循环前已经初始化，可以省略初始表达式，但是不能省略分号。

表达式 2 是条件语句，决定了该循环在何时终止，可以省略该表达式，但是程序会进入死循环。

表达式 3 是增量语句，增量表达式不需要分号。

for 语句括号内的 3 个表达式都可以省略，但是表达式的内容不可以省略，因此有以下空循环。

```
for(;;)
{
}
```

【实例 3-43】　计算 1～100 中所有整数的和

```
<?php
$sum=0;
```

```
for($i=1;$i<=100;$i++)
{
$sum=$sum+$i;
}
echo "1+2+3+…+100=",$sum;
?>
```

运行结果如图 3-39 所示。

图 3-39　使用 for 语句进行累加求和

【实例 3-44】　打印输出九九乘法表

```
<?php
for ($i=1;$i<=9; $i++)
{ for ($j=1;$j<=$i;$j++)
{ $c=$i * $j ;
echo "$i x $j =$c"." " ;
}
echo "<br>";
} ?>
```

运行结果如图 3-40 所示。

```
1×1=1
2×1=2  2×2=4
3×1=3  3×2=6  3×3=9
4×1=4  4×2=8  4×3=12  4×4=16
5×1=5  5×2=10  5×3=15  5×4=20  5×5=25
6×1 =6  6×2=12  6×3=18  6×4=24  6×5=30  6×6=36
7×1=7  7×2=14  7×3=21  7×4=28  7×5=35  7×6=42  7×7=49
8×1=8  8×2=16  8×3=24  8×4=32  8×5=40  8×6=48  8×7=56  8×8=64
9×1=9  9×2=18  9×3=27  9×4=36  9×5=45  9×6=54  9×7=63  9×8=72  9×9=81
```

图 3-40　使用 for 语句打印输出九九乘法表

2．while 语句

for 语句一般可以明确地指明循环次数，而 while 语句一旦满足条件表达式便会执行语句块，否则结束循环。while 语句的语法如下。

```
while(条件表达式)
{语句块}
```

【实例 3-45】　用 while 语句改写【实例 3-43】中的语句

```
<?php
$sum=0;
$i=0;
while($i<=100)
{
$sum=$sum+$i;
$i++;
}
echo "1+2+3+…+100=",$sum;
?>
```

3. do…while 语句

do…while 语句先执行语句，再执行条件判断，所以无论判断条件成立与否，都至少要执行一次语句块。

【实例 3-46】 用 do…while 语句改写【实例 3-45】中的语句

```php
<?php
$sum=0;
$i=0;
do{
$sum=$sum+$i;
$i++;
} while($i<=100);
echo "1+2+3+…+100=",$sum;
?>
```

需要注意的是，while 表达式后面的分号不能少。

4. foreach 语句

foreach 语句仅能用于数组。当试图将其用于其他数据类型或者一个未初始化的变量时，程序会产生错误。foreach 语句有两种语法，具体如下。

语法 1 代码如下。

```
foreach(数组变量名 as $value)
{
语句块
}
```

语法 2 代码如下。

```
foreach(数组变量名 as  $key=>$value)
{
语句块
}
```

第 1 种语法，遍历给定的数组，每次循环中，当前单元的值均被赋给变量$value，并且数组内部的指针向前移动一位，因此在下一次循环中将会读出下一个单元的值。

第 2 种语法，完成同样的事，会另外把当前单元的键值在每次循环中赋值给变量$key。

注意以下内容。

① 当 foreach 语句开始执行时，数组内部的指针会自动指向第一个单元。

② foreach 语句所操作的是指定数组的一个副本，而不是数组本身，因此，即使有each()函数的构造，原数组指针也没有发生变化，数组单元的值不会受到影响。

③ foreach 语句不支持用 "@" 来禁止错误信息。

【实例 3-47】 使用 foreach 语句输出数组元素的键值

```php
<?php
$arr = array("one", "two", "three");
foreach ($arr as $value) {
echo "数组的元素值为: $value<br>\n";
}
?>
```

运行结果如图 3-41 所示。

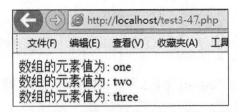

图 3-41 使用 foreach 语句输出数组元素的键值

【实例 3-48】 使用 foreach 语句输出数组元素的键名和键值

```php
<?php
$arr = array("one", "two", "three");
foreach ($arr as $key => $value) {
echo "Key: $key; Value: $value<br>";
}
?>
```

运行结果如图 3-42 所示。

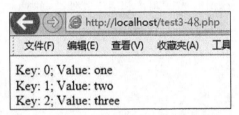

图 3-42 使用 foreach 语句输出数组元素的键名和键值

【实例 3-49】 输出方位 1

```php
<?php
$tar = array (
1 => '东',
2 => '西',
3 => '南',
4 => '北',
5 => '东南',
6 => '西南',
7 => '东北',
8 => '西北',
9 => '南北',
10 => '东西',
);
$TM = '西';
foreach( $tar as $key=>$value)
{
if( $value == $TM )
{
echo $value.'-'.$key.'<br />';
break;
}
}
?>
```

【实例 3-50】　输出方位 2

```php
<?php
$tar = array (
1 => '东',
2 => '西',
3 => '南',
4 => '北',
5 => '东南',
6 => '西南',
7 => '东北',
8 => '西北',
9 => '南北',
10 => '东西',
);
$TM = '西';
echo '<br />';
for( $i=1;$i<=count( $tar ) ;$i++ )
{
if( $tar[$i] == $TM )
{
echo $tar[$i].'-'.$i.'<br />';
break;
}
}
?>
```

【实例 3-49】和【实例 3-50】的运行结果如图 3-43 所示。

图 3-43　输出方位

从图 3-43 可以看出，foreach 语句与 for 语句的结果是完全相同的，但在效率上 foreach 语句更高。使用 for 语句需要先知道数组长度，再用"$i++"来操作，而使用 foreach 语句不需要知道数组长度，可自动检测并输入 key 和 value。

3.8.5　跳转语句

跳转语句用于中断当前语句执行顺序，从指定语句处继续执行。跳转语句被分为以下 3 种。

①　break 语句：用于终止它所在的循环或 switch 语句的执行。

②　continue 语句：将控制流传递给下一个循环。

③ return 语句：终止该语句处的方法的执行并将控制返回给调用方法。

1. break 语句

break 语句有以下两种使用方法。

① 用在 switch 语句的 case 标签后，结束 switch 语句块的执行。

② 用在循环体中，结束循环。

【实例 3-51】　break 语句的应用

找出在 20～80 中，9 的最小倍数。由于在 20～80 中，9 的倍数不止 1 个，因此需要从 20 开始验证，当该数值为 9 的倍数时输出该数值并跳出循环，代码如下。

```php
<?php

for($i=20;$i<=80;$i++)
{
if($i%9==0)
{
echo "在 20～80 中，9 的最小倍数是$i";
break;
}
}
?>
```

运行结果如图 3-44 所示。

在20～80中，9的最小倍数是27

图 3-44　【实例 3-51】的运行结果

由上述执行结果可以看出，break 语句的执行使原本需要输出 6 行语句的代码只输出了 1 行语句，在变量的值为 27 时终止循环。

2. continue 语句

将 continue 语句应用在循环体中可以加速循环，但不能结束循环。continue 语句与break 语句的不同之处如下。

① continue 语句不能用于选择语句。

② 在循环中使用 continue 语句不是跳出循环块，而是结束当前循环，进入下一个循环，忽略当前循环的剩余语句。

【实例 3-52】　continue 语句的应用

找出在 20～40 中，9 的所有倍数。该实例与【实例 3-51】类似，但该实例在找到 9 的倍数时并不终止循环，而是继续循环。若数值不是 9 的倍数，则输出"某数值不是 9 的倍数"，否则输出"某数值是 9 的倍数"，代码如下。

```php
<?php

for($i=20;$i<=40;$i++)
{
if($i%9==0)
{
```

```
echo $i."是 9 的倍数<br>";
continue;
}
echo $i."不是 9 的倍数<br>";
}
?>
```

运行结果如图 3-45 所示。

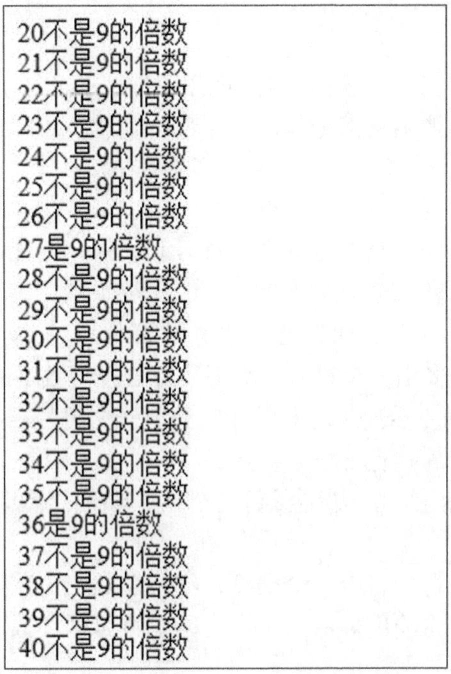

```
20不是9的倍数
21不是9的倍数
22不是9的倍数
23不是9的倍数
24不是9的倍数
25不是9的倍数
26不是9的倍数
27是9的倍数
28不是9的倍数
29不是9的倍数
30不是9的倍数
31不是9的倍数
32不是9的倍数
33不是9的倍数
34不是9的倍数
35不是9的倍数
36是9的倍数
37不是9的倍数
38不是9的倍数
39不是9的倍数
40不是9的倍数
```

图 3-45　【实例 3-52】的运行结果

3．return 语句

该语句经常用在函数、类的方法的结尾，表示方法的终止。

【实例 3-53】　定义一个函数 power()，求解 *n* 次方

```
<?php
function power($number,$n){
$pow=1;
for($i=1;$i<=$n;$i++)
 $pow=$pow*$i;
return $pow;
}
echo "4 的 3 次方：",power(4,3);
?>
```

运行结果如图 3-46 所示。

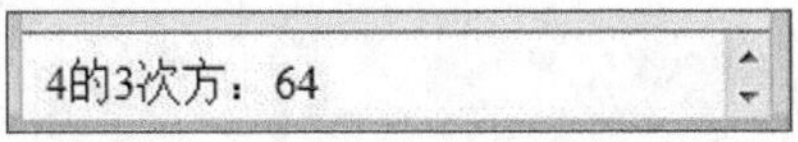

```
4的3次方：64
```

图 3-46　【实例 3-53】的运行结果

3.9 实战——输出等腰梯形

使用一种符号，如"@""#"*"$"输出一个等腰梯形，在等腰梯形的中位线上使用另一种符号，实现图 3-47 所示的效果。

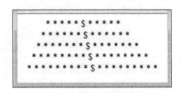

图 3-47 输出等腰梯形

通过实现效果可以看出，有规律地循环输出图形，需要使用循环语句。而图形由两部分构成：一部分是符号，构成梯形的主体；另一部分是空格，用来控制格式，使输出为等腰梯形。

但上述两部分不能分开，每一行都要有符号和空格，因此两部分之间的关系是并列的，可以用两个变量表示两部分的字符串。

整体的效果如图 3-47 所示。梯形由 5 行构成，每一行又被分为对称的两部分。以中间轴的左侧为例，每一行多出一个符号，空格数目与符号数目的和为 10。两边的符号数目和即 10 减去空格数再将结果乘以 2。中间轴的另一个符号需要使用条件语句，当循环到中间时改变符号，并接着执行下一个循环。

因此，对此图形的输出，首先需要确定整体循环的次数，图形包含 5 行，则循环 5 次。

接着是内部的循环，每一行少一个空格，空格总数应递减。循环数要与整体循环关联，否则每次循环数一样将输出矩形的空格。因此将总循环数递减，即可使空格数目与总循环次数相等。

符号与空格数之间的关系已经明确，即"(10−空格数)×2"，但因为中间有其他符号，可以使用条件语句，在循环至中间时改变符号，并接着执行下一个循环，需要使用 continue 语句。

每个循环都需要将变量字符串累加，但在每次循环前，若字符串不为空字符，则输出结果与设想不符，因此，在每一行结束时，需要清空变量字符串。

【实例 3-54】 输出等腰梯形

```php
<?php
$trape1="";
$trape2="";
for($i=5;$i>0;$i--)
{   for($j=$i;$j>0;$j--)
$trape1.="  ";
for($k=(10-$i)*2;$k>=0;$k--)
{
if($k==10-$i)
{
$trape2=$trape2."$ ";
continue;
}
```

```
$trape2.="* ";
}
$trape=$trape1.$trape2;
echo $trape."<br>";
$trape="";
$trape1="";
$trape2="";
}
?>
```

运行结果如图 3-47 所示。

练　习　题

一、填空题

1. PHP 的标准嵌入方式，其开始标记为_____。

2. PHP 的嵌入方式有_____种。

3. PHP 单行注释可以使用_____。

4. PHP 的输出函数有_____、print()、printf()和_____。

5. PHP 多行注释的开始和结束标记为_____和*/。

6. 4 种标量数据类型是_____、整型、浮点型和字符串。

7. 声明全局变量需要使用_____关键字。

8. 除了基本语句外，还有选择语句、_____和_____。

二、操作题

1. 更改【实例 3-43】中的代码，使运行结果如图 3-48 所示。

```
1+2=3
1+2+3=6
1+2+3+4=10
1+2+3+4+5=15
1+2+3+4+5+6=21
1+2+3+4+5+6+7=28
1+2+3+4+5+6+7+8=36
1+2+3+4+5+6+7+8+9=45
1+2+3+4+5+6+7+8+9+10=55
1+2+3+4+5+6+7+8+9+10+11=66
1+2+3+4+5+6+7+8+9+10+11+12=78
1+2+3+4+5+6+7+8+9+10+11+12+13=91
1+2+3+4+5+6+7+8+9+10+11+12+13+14=105
1+2+3+4+5+6+7+8+9+10+11+12+13+14+15=120
1+2+3+4+5+6+7+8+9+10+11+12+13+14+15+16=136
1+2+3+4+5+6+7+8+9+10+11+12+13+14+15+16+17=153
1+2+3+4+5+6+7+8+9+10+11+12+13+14+15+16+17+18=171
1+2+3+4+5+6+7+8+9+10+11+12+13+14+15+16+17+18+19=190
1+2+3+4+5+6+7+8+9+10+11+12+13+14+15+16+17+18+19+20=210
1+2+3+4+5+6+7+8+9+10+11+12+13+14+15+16+17+18+19+20+21=231
1+2+3+4+5+6+7+8+9+10+11+12+13+14+15+16+17+18+19+20+21+22=253
1+2+3+4+5+6+7+8+9+10+11+12+13+14+15+16+17+18+19+20+21+22+23=276
1+2+3+4+5+6+7+8+9+10+11+12+13+14+15+16+17+18+19+20+21+22+23+24=300
1+2+3+4+5+6+7+8+9+10+11+12+13+14+15+16+17+18+19+20+21+22+23+24+25=325
```

图 3-48　运行结果 1

2．更改【实例 3-44】中的代码，使运行结果如图 3-49 所示。

```
1×9=9 2×9=18 3×9=27 4×9=36 5×9=45 6×9=54 7×9=63 8×9=72 9×9=81
1×8=8 2×8=16 3×8=24 4×8=32 5×8=40 6×8=48 7×8=56 8×8=64
1×7=7 2×7=14 3×7=21 4×7=28 5×7=35 6×7=42 7×7=49
1×6=6 2×6=12 3×6=18 4×6=24 5×6=30 6×6=36
1×5=5 2×5=10 3×5=15 4×5=20 5×5=25
1×4=4 2×4=8 3×4=12 4×4=16
1×3=3 2×3=6 3×3=9
1×2=2 2×2=4
1×1=1
```

图 3-49　运行结果 2

第 4 章

函数与数组

函数是完成一个特定功能的代码集合，是可以在程序中重复执行的语句块，是一段固定的程序代码，可称为子程序。在页面加载时，函数不会立即执行，只有在被调用时才会执行。在程序设计中，为了处理方便，常把具有相同类型的若干元素按有序的形式组织起来，这些有序排列的同类数据元素的集合称为数组。

◆ **学习目标**

① 掌握 PHP 的自定义函数的创建方法及系统函数的使用方法。

② 了解数组的概念。

③ 掌握数组分类的方法。

④ 学会创建数组的方式。

⑤ 学会追加数组、修改数组、删除数组的方法。

⑥ 掌握遍历数组的方法和数组排序的方式。

◆ **知识结构**

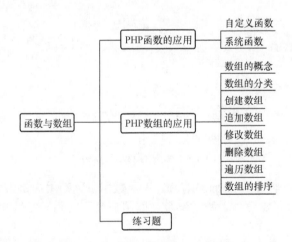

4.1 PHP 函数的应用

PHP 中的函数有两种类型，一种是系统函数，另一种是用户自定义函数。PHP 的强大在于它的函数，它拥有超过 1000 个内建的函数。除了 PHP 内建函数，用户还可以创建自定义函数。本章主要介绍如何创建函数，调用系统函数与用户创建的自定义函数。

4.1.1 自定义函数

1. 函数的创建

用户定义的函数声明以"function"开头，语法格式如下。

```
function 函数名(参数1，参数2…参数n)
{
函数体；
[return 返回值;]
}
```

注意以下内容。

① 函数名只能以字母或下划线开头。

② 函数名不区分大小写。

③ 参数被定义在函数名之后、小括号内部。用户可以添加多个参数，用逗号隔开各参数即可。

④ 函数名要能够反映函数所执行的任务。

下面的例子创建了名为"writeMsg()"的函数。左大括号（"{"）指示函数代码执行的开始，而右大括号（"}"）指示函数代码执行的结束。此函数输出"helloworld"。如果需要调用该函数，使用函数名即可。

【实例4-1】 函数的创建，输出"helloworld"

```php
<?php
function writeMsg(){
echo "helloworld";
}
writeMsg(); //调用该函数
?>
```

运行结果如图4-1所示。

图4-1 函数的创建与输出

【实例4-2】 声明 userLogin()函数，该函数用于判断用户是否登录成功

在声明该函数时，需要传入两个参数，即用户名和密码；然后判断用户名和密码的值是否满足条件，代码如下。

```php
<?php
function userLogin($name,$pwd){
if($name!="Jhh")
echo "用户名不正确";
elseif($pwd!="123")
echo "密码不正确";
else
echo "登录成功";
}
?>
```

提示：有些函数不需要接收任何参数，即无参函数，但是在定义函数时也不能省略函数名后面的那对小括号，小括号的内容为空。

2. 函数的调用

创建函数就是为了调用，调用函数的语法如下。

函数名(参数1，参数2…)

【实例 4-3】 调用【实例 4-2】创建的函数，向该函数传入两个参数，输出不同的结果

```
<form method="post" action="">
用户名: <input type="text" name="user">
密码: <input type="password" name="pwd">
<input type="submit" value="登录">
</form>
<?php
 userLogin("$_POST[user]","$_POST[pwd]");
?>
```

在调用用户自定义函数时，必须保证在调用前该函数已经存在，即应该先定义函数再调用，否则无法进行函数调用。

3. 参数传递

（1）按值传递参数

按值传递参数是 PHP 默认的参数传递方式，这种方式仅对函数外部变量的值进行备份，形成副本，然后赋值给函数内部的局部变量。函数处理完毕，该外部变量的值不会发生改变，除非在函数内部已声明该外部变量，并进行了改动。

【实例 4-4】 创建函数，按值传递参数

```
<?php
function exam($var1){
$var1++;
echo "In Exam:" . $var1 . "<br />";
}
$var1 = 1;
echo $var1 . "<br />";
exam($var1);
echo $var1 . "<br />";
?>
```

运行结果如图 4-2 所示。

从上述结果可以看出，$var1 的初始值是 1。在函数中，这个变量的值发生了改变，变成了 2，但是在调用后，又恢复到了初始值。

上述实例就是按值传递参数。在函数范围内，这些值的任何变化在函数外部都会被忽略。通常情况下把创建函数时命名的参数称为形参，把调用时函数实际传递的参数称为实参。

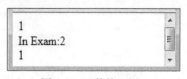

图 4-2 函数的调用 1

（2）按引用传递参数

在按引用传递参数的方式下，实参的内存地址被传递到形参中。在函数内部，对形参的任何修改都会影响实参，因为它们被存储在同一个内存地址上。在函数返回后，实

参的值会发生变化。

【实例 4-5】 调用 exam()函数，按引用传递参数

```php
<?php
function exam(&$var1){
$var1++;
echo "In Exam:" . $var1 . "<br />";
}
$var1 = 1;
echo $var1 . "<br />";
exam($var1);
echo $var1 . "<br />";
?>
```

运行结果如图 4-3 所示。

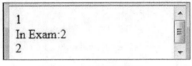

图 4-3　函数的调用 2

在未指定参数的情况下，函数使用默认值作为函数的参数。在已提供参数的情况下，函数使用指定的参数。

【实例 4-6】 指定参数和未指定参数的函数调用

```php
<?php
function values($price=0,$tax=3){
$price+=$price*$tax;
echo $price."<br>";
}
values(100,0.25);
values(100);
values();
?>
```

运行结果如图 4-4 所示。

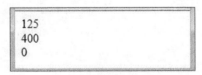

图 4-4　函数的调用 3

上述代码调用了 3 次 values()函数。在第 1 次调用时指定了 2 个参数值，调用函数时这 2 个参数值（实参）被传递给形参。在第 2 次调用时只指定了 1 个参数值，那么第 2 个参数则使用默认值。在第 3 次调用时没有指定参数，那么 2 个参数都使用默认值。

为参数指定默认参数值时需要注意以下几点。

① 如果为每个参数指定默认值，那么在调用函数时可以不指定参数，它会按照默认的参数定义完成任务。

② 在为函数的参数指定默认值时，其值必须是常量，而不能是变量、类成员或者函数调用。

4. 可变参数的函数

在 PHP 中，还有一种参数传递方式——可变参数列表，可以在自定义函数中将需要传送的参数一一列出，然后使用指定的函数来获得参数。简单来说，可变参数的函数可以根据传入的不同参数进行不同处理。下面介绍 3 个在创建自定义函数时会用到的内置函数。

① func_num_args()函数。该函数返回自定义函数中传入的参数个数，即目前传入参数的数量。基本格式为 func_num_args(void)。

② func_get_arg()函数。该函数可以获取指定参数的值。如果要获取第 1 个参数的值，那么传入值为 0。它可以结合 func_num_args()函数自动获取传递的参数。基本格式为 func_num_arg($arg_num)。

③ func_get_args()函数。该函数返回包含所有参数的值，基本格式为 func_get_args(void)。

【实例 4-7】　使用 func_get_args()函数输出参数的值

```php
<?php
function get(){
$total=func_num_args();
echo "参数总数为".$total."<br>";
$test=func_get_args();
for($i=0;$i<$total;$i++)
echo "第".($i+1)."个参数是".$test[$i]."<br>";
}
get("菲菲",3,"海南","唱歌跳舞");
?>
```

运行结果如图 4-5 所示。

图 4-5　函数的调用 4

上述代码可使用 foreach 语句来实现。

【实例 4-8】　用 foreach 语句改写【实例 4-7】中的代码

```php
<?php
function get(){
$total=func_num_args();
echo "参数总数为".$total."<br>";
$test=func_get_args();
foreach($test as $key=>$value)
echo "第".$key."个参数是".$value."<br>";
```

```
}
get("菲菲",3,"海南","唱歌跳舞");
?>
```

5. 返回值

通常情况下使用 return 关键字从函数中返回值，可以返回任何类型的值，其中包含
列表和对象。函数不能返回多个值，但是可以通过返回一个数组来得到多个值。

【实例 4-9】 使用 return 返回值

```php
<?php
define("PI",3.14);
function get_circle_area($radius){
$area=PI*$radius*$radius;
return $area;}
for($r=3;$r<=8;$r++)
{
$s=get_circle_area($r);
echo"r=$r,area=$s";
echo"<br/>";
}
?>
```

运行结果如图 4-6 所示。

图 4-6　使用 return 返回值

6. 返回数组

【实例 4-10】 返回数组，并通过 var_dump()函数输出

```php
<?php
function getArr()
{
$user=Array();
$user[0]='杨小菲';
$user[1]='3';
$user[2]='海南海口';
return $user;
}
var_dump(getArr());
?>
```

运行结果如图 4-7 所示。

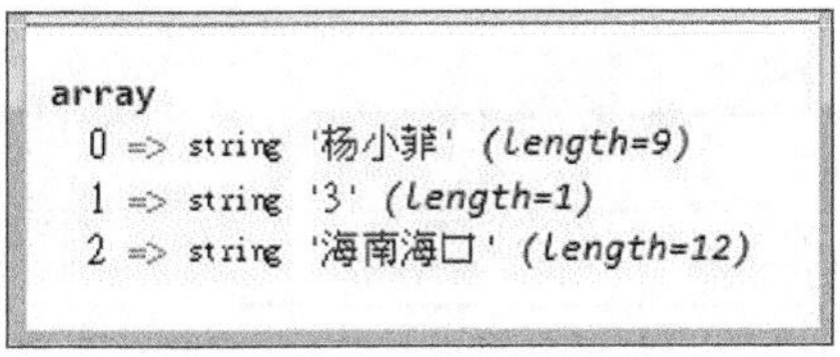

图 4-7　返回数组

上述代码可使用 list()函数来实现，具体如下。

```php
<?php
function getArr()
{
$user=Array();
$user[0]='杨小菲';
$user[1]='3';
$user[2]='海南海口';
return $user;
}
list($name,$age,$city)=getArr();
echo "Name->$name Age->$age City->$city";
?>
```

运行结果如图 4-8 所示。

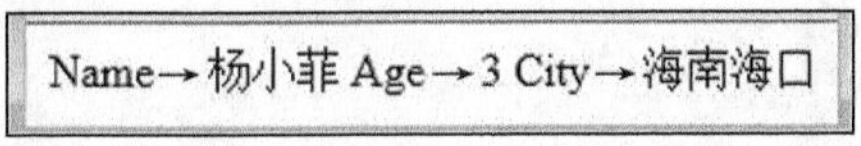

图 4-8　使用 list()函数修改代码的运行结果

4.1.2　系统函数

1. 变量处理函数

PHP 常用的变量处理函数如表 4-1 所示。

表 4-1　PHP 常用的变量处理函数

函数名称	说明
doubleval()	把变量转换成双精度浮点数
empty()	判断变量是否为空
gettype()	获取变量的类型
intval()	把变量转换为整数
is_array()	判断变量是否为数组
is_double()	判断变量是否为双精度浮点数
is_int()、is_integer()、is_long()	判断变量是否为整数
is_float()	判断变量是否为单精度浮点数
is_object()	判断变量是否为对象

续表

函数名称	说明
is_real()	判断变量是否为实数
is_string()	判断变量是否为字符串
isset()	判断是否已经设置变量
settype()	设置变量类型
strval()	将变量转换成字符串
unset()	销毁变量

【实例 4-11】 PHP 常用的变量处理函数

```php
<?php
$a=0;
$b=null;
$c=13.5;
echo empty($a)?"空":"非空";
echo empty($b)?"空":"非空";
echo empty($c)?"空":"非空";
echo gettype($a); //获取变量的类型
echo intval($c);   //把变量转换为整数
echo var_dump(is_array($a));
echo var_dump(is_float($c));
echo var_dump(is_double($c));
echo var_dump(is_int($a));
echo var_dump(is_integer($a));
echo var_dump(is_long($a));
echo var_dump(is_object($a));
echo var_dump(is_real($a));
echo var_dump(isset($d));
echo gettype(strval($c));
unset($a);
echo var_dump(isset($a));
?>
```

运行结果如图 4-9 所示。

图 4-9 变量处理函数的应用

在 PHP 中，''、0、0.0、"0"、null、false、array()，以及没有任何属性的对象都会被认为是空的。

2. 数学函数

PHP 常用的数学函数如表 4-2 所示。

表 4-2　PHP 常用的数学函数

函数名称	说明
abs()	求绝对值
asin()	求反正弦值
ceil()	向上取整
decbin()	将十进制数转换为二进制数
floor()	向下取整
max()	求最大值
min()	求最小值
pow()	指数表达式
rand()	产生一个随机整数
round()	对浮点数进行四舍五入
sin()	求正弦值
sqrt()	求平方根

【实例 4-12】　PHP 部分常用数学函数的应用

```php
<?php
echo pow(2,5);
echo "<br>";
echo ceil(4.9);
echo "<br>";
echo floor(4.4);
echo "<br>";
echo floor(4.9);
echo "<br>";
echo round(4.9);
echo "<br>";
echo decbin(16);
echo "<hr>";
echo max(8,5,6,9);
echo "<br>";
echo min(8,5,6,9);
echo "<br>";
echo sqrt(16);
?>
```

运行结果如图 4-10 所示。

图 4-10　数学函数的应用

3. 日期时间函数

PHP 常用的日期时间函数如表 4-3 所示。

表 4-3　PHP 常用的日期时间函数

函数名称	说明
checkdate()	检测日期是否合法
getdate()	以数组的方式返回当前日期与时间
date()	将整数时间戳转换为所需要的字符串格式
gmdate()	将 UNIX 时间戳格式化为日期字符串
time()	返回当前的 UNIX 时间戳
microtime()	将 UNIX 时间戳格式化为适用于当前环境的日期字符串
strtotime()	将英文日期/时间字符转换为 UNIX 时间戳

（1）checkdate()函数

该函数的语法如下。

```
bool checkdate(int month, int day, int year)
```

【实例 4-13】　checkdate()函数的调用

```php
<?php
header("content-type:text/html;charset=utf-8");
echo checkdate(3,31,2023)?"有效":"无效";
echo "<br>";
echo checkdate(4,31,2023)?"有效":"无效";
echo "<br>";
echo checkdate(13,1,2023)?"有效":"无效";
?>
```

运行结果如图 4-11 所示。

图 4-11　checkdate()函数的应用

（2）getdate()函数。

该函数的语法如下。

```
Array getdate([int $timestamp])
```

该函数用于获取当前的日期和时间，其中的"$timestamp"是一个可选参数，如果不指定该参数，则使用系统当前的本地时间。该函数结合数组的方式返回日期和时间，数组中的每个元素代表日期和时间中的一个特定组成部分，向函数提交可选的时间戳自变量，以获取与时间戳对应的日期和时间值。

getdate()函数返回数组中的键名关键值，如表 4-4 所示。

表 4-4　getdate()函数返回数组中的键名关键值

键名称	说明
seconds	秒的数字表示，取值范围是 0～59
minutes	分钟的数字表示，取值范围是 0～59
hours	小时的数字表示，取值范围是 0～23
mday	月份中第几天的数字表示，取值范围是 1～31
wday	星期中第几天的数字表示，取值范围是 0～6
mon	月份的数字表示，取值范围是 1～12
year	使用 4 位数字表示的完整年份，如 2023
yday	一年中第几天的数字表示，取值范围是 1～365
weekday	星期中某一天的完整文本表示，如 Sunday
month	月份的完整文本表示，如 January
0	从 UNIX 纪元开始至今的秒数

【实例 4-14】　使用 getdate()函数，并返回具体值

```php
<?php
header("content-type:text/html;charset=utf-8");
date_default_timezone_set('Asia/Shanghai');
$a=getdate();
print_r($a);
echo "<br>";
echo "当前小时: ";
echo $a["hours"]."<br>";
echo "当前分钟: ";
echo $a["minutes"]."<br>";
echo "当前秒: ";
echo $a["seconds"]."<br>";
echo "当前年: ";
echo $a["year"]."<br>";
echo "当前月: ";
echo $a["mon"]."<br>";
echo "当前日: ";
echo $a["mday"]."<br>";
echo "当前星期几用数字表示: ";
echo $a["wday"]."<br>";
echo "当前一年中第几天: ";
```

```
echo $a["yday"]."<br>";
echo "当前星期几用英文表示: ";
echo $a["weekday"]."<br>";
echo "当前月用英文表示: ";
echo $a["month"]."<br>";
echo "从 UNIX 纪元开始至今的秒数: ";
echo $a[0]."<br>";
?>
```

运行结果如图 4-12 所示。

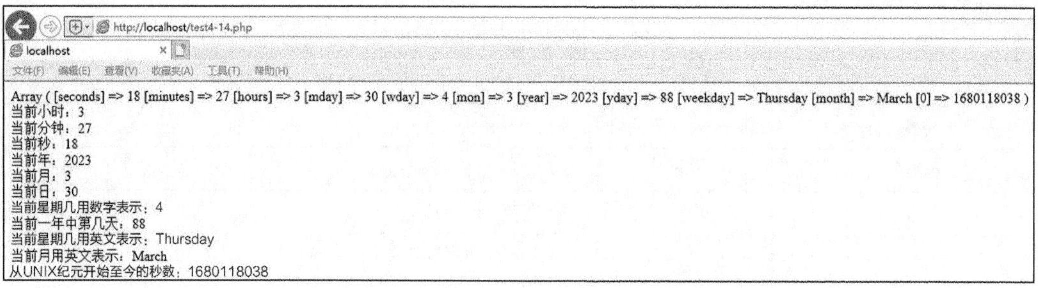

图 4-12　使用 getdate()函数的运行结果

如果不加上代码"date_default_timezone_set('Asia/Shanghai')",那么输出的当前时间会为 3,而系统显示的当前时间是 11,相差了 8 小时,这是为什么呢?原因是假如用户不在程序或配置文件中设置用户的服务器当地时区,PHP 采用格林尼治标准时(GMT),而格林尼治标准时和北京时间大概相差 8 小时。

那么应如何避免时间误差呢?在页头使用 date_default_timezone_set()函数设置默认采用北京时间(中国采用国际时区东八时区的区时作为标准时间),那么在浏览器上显示的时间就和服务器显示的当前时间一样了。

date_default_timezone_set()函数的用法如下。

```
bool date_default_timezone_set ( string timezone_identifier )
```

date_default_timezone_set()函数用于设定一个脚本中所有日期时间函数的默认时区。注意,自 PHP 5.1.0 起(此版本日期时间函数已被重写),如果时区不合法,则每个对日期时间函数的调用都会产生一条"E_NOTICE"级别的错误信息。参数"timezone_identifier"表示时区标识符,例如 UTC 或 Europe/Lisbon 返回值,本函数永远返回 TRUE(即使"timezone_identifier"不合法)。

(3) date()函数

该函数用于格式化本地日期和时间,语法如下。

```
date($format[,$timestamp])
```

$timestamp 是一个表示时间戳的可选参数,如果没有给出时间戳,则使用系统显示的当前日期和时间。

【实例 4-15】 使用 data()函数,格式化日期和时间

```
<?php
header("content-type:text/html;charset=utf-8");
date_default_timezone_set('Asia/Shanghai');
//年、月、日的表示
```

```
echo date("y,m,d")."<BR>";
echo date("Y,m,d")."<BR>";
echo date("Y,M,d")."<BR>";
echo date("Y,M,D")."<BR>";
echo date("Y,F,D")."<BR>";
echo date("Y,F,l")."<BR>";
//小时、分钟、秒的表示
echo date("g:i:s")."<BR>";
echo date("G:i:s")."<BR>";
echo date("H:i:s")."<BR>";
echo date("h:i:s") "<BR>";
?>
```

运行结果如图 4-13 所示。

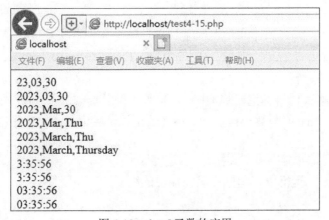

图 4-13　date()函数的应用

$format 参数的格式化说明如表 4-5 所示。

表 4-5　$format 参数的格式化说明

格式化参数	说明
o	年份数字，如 2015
Y	年份数字（4 位），如 2015
y	年份数字（2 位），如 15
F	月份，完整的英文表示，如 January
M	月份，3 个字母的英文表示，如 Jan
m	月份，有前导 0 的数字表示，01～12
n	月份，没有前导 0 的数字表示，1～12
d	日期，有前导 0 的数字表示，01～31
j	日期，没有前导 0 的数字表示，1～31
l	星期几，完整的英文表示，如 Sunday
D	星期几，3 个字母的英文表示，如 Sun

续表

格式化参数	说明
N	星期几，数字表示，1~7
w	星期几，数字表示，0~6，0 表示星期天
a	上/下午，小写表示，如 am 或 pm
A	上/下午，大写表示，如 AM 或 PM
g	小时，没有前导 0 的 12 小时格式，1~12
G	小时，没有前导 0 的 24 小时格式，0~23
h	小时，有前导 0 的 12 小时格式，01~12
H	小时，有前导 0 的 24 小时格式，00~23
i	分钟，有前导 0 的数字表示，00~59
s	秒数，有前导 0 的数字表示，00~59

（4）gmdate()函数

该函数用于格式化格林尼治标准时（GMT）/世界标准时（UTC）的日期和时间，它所实现的功能与 date()函数一样，唯一不同的是该函数返回的时间是格林尼治标准时，基本语法如下。

```
string gmdate(string $format[,int $timestamp])
```

【实例 4-16】 运行以下程序代码，输出的结果会有所不同

```php
<?php
header("content-type:text/html;charset=utf-8");
date_default_timezone_set('Asia/Shanghai');
echo date("M d Y H:i:s",mktime(0,0,0,1,1,2023));
echo "<br>";
echo gmdate("M d Y H:i:s",mktime(0,0,0,1,1,2023));
?>
```

运行结果如图 4-14 所示。

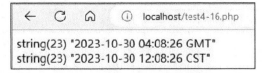

图 4-14　gmdate()函数的应用

（5）time()函数

该函数用于返回当前的 UNIX 时间戳，即返回从 UNIX（格林尼治标准时）到当前时间的秒数。基本语法如下。

```
int time(void)
```

如果读者要获取 30 天以后的日期，可以使用以下代码。

```php
$time=time()+30*24*3600;
$date=date("Y-m-d H:m:s" $time);
```

【实例 4-17】　输出当前日期和一周（7 天）后的日期

```php
<?php
header("content-type:text/html;charset=utf-8");
$nextweek=time()+(7*24*3600);
echo "当前日期: ".date("Y-m-d")."<br>";
echo "7 天后日期: ".date("Y-m-d",$nextweek)."<br>";
?>
```

运行结果如图 4-15 所示。

图 4-15　time()函数的应用

（6）microtime()函数

该函数用于返回当前 UNIX 时间戳和微秒数。基本语法如下。

```
mixed microtime([bool $get_as_float])
```

在上述语法中，"$get_as_float"是一个可选参数，如果它的值为 true，该函数将返回一个浮点数。如果调用函数时不带可选参数，则本函数将以"msec sec"的格式返回一个字符串。其中"msec"是微秒部分，"sec"是自 UNIX 纪元起到现在的秒数，这两部分都是以秒为单位返回的。

【实例 4-18】　microtime()函数的应用

```php
<?php
header("content-type:text/html;charset=utf-8");
echo microtime(true);
echo "<br>";
echo microtime(false);
echo "<br>";
echo microtime();
?>
```

运行结果如图 4-16 所示。

图 4-16　microtime()函数的应用 1

【实例 4-19】　输出程序的执行时间

```php
<?php
header("content-type:text/html;charset=utf-8");
$starttime=microtime();
for($i=1;$i<10;$i++)
echo "i=".$i."<br>";
```

```
$endtime=microtime();
echo "执行时间".($endtime-$starttime);
?>
```

运行结果如图 4-17 所示。

图 4-17　microtime()函数的应用 2

（7）strtotime()函数

该函数可以将任意英文文本的日期解析为 UNIX 时间戳。基本语法如下。

```
int strtotime(string $time[,int $now])
```

【实例 4-20】　使用 strtotime()函数解析英文文本

```
<?php
echo strtotime("now")."<br>";
echo strtotime("next Thursday")."<br>";
echo strtotime("last Monday")."<br>";
echo strtotime("+1 day")."<br>";
?>
```

运行结果如图 4-18 所示。

图 4-18　strtotime()函数的应用

4.2　PHP 数组的应用

4.2.1　数组的概念

数组是有序的元素序列，是用于存储多个相同类型的数据的集合。我们可以把数组理解为特殊的变量，可以同时保存一个以上的值。

如果用户有一个项目列表如汽车品牌列表，那么在单个变量中存储这些汽车品牌名称的格式如下。

```
$cars1="BYD";
$cars2="Chery";
$cars3="Geely";
```

不过假如希望对变量进行遍历并找出特定值，或者需要存储 300 个汽车品牌，而不是仅存储 3 个汽车品牌，要如何解决呢？解决方法是创建数组。

数组能够在单个变量中存储多个值，并且能够通过引用下标号来访问某个值。

数组是把一系列数据组织起来，形成的可操作的整体。数组的每个实体都包含键和值。

4.2.2　数组的分类

1. 根据数据类型进行数组分类

在 PHP 中，数组的键名可以是任意一个整型数值，也可以是一个字符或字符串，而不像 C 语言，只可以是数值。

根据数组键名的不同，PHP 数组常分为以下两种类型。

（1）索引数组

以数字为键名的数组称为索引数组。PHP 索引数组默认键名从 0 开始，并且不需要特别指定键名，PHP 会自动为索引数组的键名赋予一个值，然后从这个值开始自动增量。

【实例 4-21】　默认键名，并输出数组元素

```
<?php
$name=Array("PHP","JSP","ASP");
echo "$name[0]{$name[1]}{$name[2]}";
?>
```

运行结果如图 4-19 所示。

PHPJSPASP

图 4-19　索引数组 1

【实例 4-22】　修改键名，连续的键名，并输出数组元素

```
<?php
$name=Array(3=>"PHP","JSP","ASP");
echo "$name[3]{$name[4]}{$name[5]}";
?>
```

运行结果如图 4-20 所示。

图 4-20　索引数组 2

【实例 4-23】 修改键名，不连续的键名，并输出数组元素

```php
<?php
$name=Array(3=>"PHP",5=>"JSP",7=>"ASP");
echo "$name[3]{$name[5]}{$name[7]}";
?>
```

运行结果如图 4-21 所示。

由上述 3 个例子可以总结出索引数组的键名默认从 0 开始，如果指定键名，则指定的键名可以是连续的键名，也可以是不连续的键名。

图 4-21 索引数组 3

（2）关联数组

以字符串的形式或字符串和数字混合的形式为键名的数组被称为关联数组。关联数组的键名可以是数字和字符串混合的形式，而不像索引数组的键名，只能为数字。在一个数组中，只要在键名中出现非数字的字符串，那么这个数组就叫作关联数组。

【实例 4-24】 关联数组的定义

```php
<?php
$age=Array("Bill"=>"35","Steve"=>"37","Peter"=>"43");
echo "Peter is " . $age['Peter'] . " years old.";
?>
```

运行结果如图 4-22 所示。

2. 根据数组维度进行数组分类

根据数组的维度，数组可以分为一维数组、二维数组和多维数组。超过二维的数组统称多维数组。

（1）一维数组

一维数组是最普通的数组，只保存一列数据。

（2）二维数组

Peter is 43 years old.

图 4-22 关联数组的示例

一维数组都是单一的键名/键值对。如果想在一个键名中保存更多的值，那么可以使用二维数组或多维数组。二维数组本质上是以数组为数组元素的数组，二维数组及多维数组可以被看作一维数组的多次叠加。

【实例 4-25】 二维数组的定义

```php
<?php
header("content-type:text/html;charset=utf-8");
$student=Array(
"张三"=>Array("性别"=>"男","年龄"=>18,"地址"=>"海口"),
"李四"=>Array("性别"=>"女","年龄"=>19,"地址"=>"山西"),
"王五"=>Array("性别"=>"男","年龄"=>17,"地址"=>"湖北")
);
echo $student["张三"]["性别"];//输出张三的性别为：男
?>
```

二维数组除了上述的创建方式外，还有以下创建方式。

```php
<?php
header("content-type:text/html;charset=utf-8");
$student=Array( );
```

```
$student["张三"]["性别"]= "男";
$student["张三"]["年龄"]= 18;
$student["张三"]["地址"]= "海口";
$student["李四"]["性别"]= "女";
$student["李四"]["年龄"]= 19;
$student["李四"]["地址"]= "山西";
$student["王五"]["性别"]= "男";
$student["王五"]["年龄"]= 17;
$student["王五"]["地址"]= "湖北";
?>
```

（3）多维数组

PHP 中可以创建更多维的数组，例如四维数组、五维数组，甚至更高维数的数组。在系统中，程序员很少使用三维以上维数的数组，因为随着维数的增加，数组的操作复杂度会大幅提升。

4.2.3 创建数组

1. 以直接赋值的方式创建数组
基本语法如下。

```
$Arrayname[<key>]=value
```

其中，$Arrayname 表示数组名，key 表示键名，value 表示键值。键名可以省略。

【实例 4-26】 以直接赋值的方式创建数组

```
<?php
$booklist[]="PHP";
$booklist[]="ASP";
$booklist[]="JSP";
?>
```

上述实例省略了键名，系统会使用默认的键，从 0 开始，依次类推。

【实例 4-27】 以指定键名的方式创建数组

```
<?php
header("content-type:text/html;charset=utf-8");
$booklist[]="PHP";
$booklist[4]="ASP";
$booklist[]="JSP";
$booklist["名著"]="西游记";
$booklist["名著"]="水浒传";
$booklist["小说"]="人生若只如初见";
print_r($booklist);
echo "<br>";
echo $booklist["名著"]."<br>";
echo $booklist[5];
?>
```

运行结果如图 4-23 所示。

图 4-23　【实例 4-27】的运行结果

由上述例子可以总结以下几点。

① 在创建数组时，键名可以指定为数字，也可以指定为字符串，还可以混合使用数字与字符串。

② 如果指定的键名是数字，则省略后边的键名时，键名会在前面键名的基础上增加 1。

③ 如果指定的键名相同，则后边的键值会覆盖前边的键值。

2. 使用 Array()函数创建数组

基本语法如下。

```
$Arrayname=Array(value1[,value2][,value3][,…]);
```

【实例 4-28】　使用 Array()函数创建数组

```php
<?php
$booklist=Array("PHP",4=>"ASP",JSP,"名著"=>"西游记","名著"=>"水浒传","小说"=>"人生若只如初见");
?>
```

3. 使用 range()函数创建数组

使用 range()函数创建一个包含指定范围内全部元素的数组，基本语法如下。

```
Array range(mixed low,mixed high,[number step]);
```

该函数返回数组中从 low 到 high 的全部元素，其中包含它们本身。

当 low<high 时，序列为从 low 到 high；当 low>high 时，序列为从 high 到 low。step 是一个可选参数，它的值是正值。如果指定该参数的值，它将作为元素之间的步长值；如果未指定该参数的值，step 的默认值为 1。

【实例 4-29】　使用 range()函数创建数组 1

```php
<?php
$arr=range(1,10);
print_r($arr);
echo "<br>";
$arr1=range(1,10,3);
print_r($arr1);
?>
```

运行结果如图 4-24 所示。

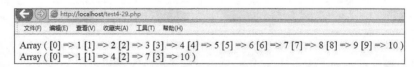

图 4-24　使用 range()函数创建数组 1

【实例 4-30】　使用 range()函数创建数组 2

```php
<?php
```

```php
$arr=range("a","h");
print_r($arr);
echo "<br>";
$arr1=range("z","a",4);
print_r($arr1);
?>
```

运行结果如图 4-25 所示。

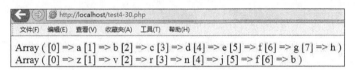

图 4-25　使用 range()函数创建数组 2

4.2.4　追加数组

追加数组是指在已经存在的数组的基础上添加新的数组元素。追加数组有 3 种方式，第 1 种方式是直接添加数组元素；第 2 种方式是使用 Array_push()函数添加数组元素；第 3 种方式是使用 Array_unshift()函数添加数组元素。

1. 直接添加数组元素

基本语法如下。

```
$Arrayname[<key>]=value
```

【实例 4-31】　直接添加数组元素

```php
<?php
header("content-type:text/html;charset=utf-8");
$booklist=Array("PHP",4=>"ASP","JSP","名著 1"=>"西游记","名著 2"=>"水浒传","小说"=>"人生若只如初见");
$booklist["名著 3"]= "红楼梦";
print_r($booklist);
?>
```

运行结果如图 4-26 所示。

```
Array ( [0] => PHP [4] => ASP [5] => JSP [名著1] => 西游记 [名著2] => 水浒传 [小说] => 人生若只如初见 [名著3] => 红楼梦 )
```

图 4-26　直接添加数组元素

2. 使用 Array_push()函数添加数组元素

基本语法如下。

```
int Array_push(Array $Array,mixed var[,mixed…])
```

【实例 4-32】　创建数组，并使用 Array_push()函数添加数组元素

```php
<?php
header("content-type:text/html;charset=utf-8");
$booklist=Array("PHP",4=>"ASP","JSP","名著 1"=>"西游记","名著 2"=>"水浒传","小说"=>"人生若只如初见");
Array_push($booklist,"JAVA","红楼梦");
```

```
print_r($booklist);
?>
```

运行结果如图 4-27 所示。

图 4-27　使用 Array_push()函数添加数组元素

3. 使用 Array_unshift()函数添加数组元素

该函数用于在数组开头插入一个或多个元素，并返回 Array 数组的新元素数目。基本语法如下。

```
int Array_unshift(Array $Array,mixed var[,mixed…]);
```

【实例 4-33】　在数组头部添加数组元素

```php
<?php
header("content-type:text/html;charset=utf-8");
$booklist=Array("PHP",4=>"ASP","JSP","名著 1"=>"西游记","名著 2"=>"水浒传","小说"=>"人生
若只如初见");
Array_unshift($booklist,"JAVA","红楼梦");
print_r($booklist);
?>
```

运行结果如图 4-28 所示。

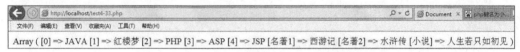

图 4-28　使用 Array_unshift()函数添加数组元素

由上述实例可以总结出 Array_push()函数和 Array_unshift()函数之间的区别。

① Array_push()函数在数组尾部添加元素，Array_unshift()函数在数组头部添加元素。

② Array_push()函数添加元素的键名会在原来的数值键名的基础上增加 1，所有的文字键名保持不变；Array_unshift()函数则不同，所有的数值键名将会从 0 开始重新计数，所有的文字键名保持不变。

4.2.5　修改数组

修改数组元素和访问数组的方法一样，都需要使用指定数组的键名，然后将对应的键值修改为新的键值。

【实例 4-34】　修改数组中的元素值

```php
<?php
header("content-type:text/html;charset=utf-8");
$booklist=Array("PHP",4=>"ASP","JSP","名著 1"=>"西游记","名著 2"=>"水浒传","小说"=>"人生
若只如初见");
$booklist["小说"]="何以笙箫默";
```

```
print_r($booklist);
?>
```

运行结果如图 4-29 所示。

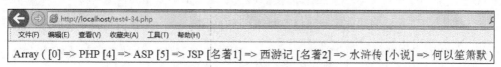

图 4-29 修改数组中的元素值

4.2.6 删除数组

删除数组是指利用 PHP 提供的内置函数删除数组中的指定元素，当然也可以利用自定义函数删除数组中的元素。

1. 删除数组中的首个元素

使用 Array_shift()函数可以删除数组中的第一个元素，基本语法如下。

```
mixed Array_shift(Array $Array);
```

【实例 4-35】 删除数组中的首个元素

```
<?php
header("content-type:text/html;charset=utf-8");
$booklist=Array("PHP",4=>"ASP","JSP","名著 1"=>"西游记","名著 2"=>"水浒传","小说"=>"人生
若只如初见");
Array_shift($booklist);
print_r($booklist);
?>
```

运行结果如图 4-30 所示。

Array ([0] => ASP [1] => JSP [名著1] => 西游记 [名著2] => 水浒传 [小说] => 人生若只如初见)

图 4-30 删除数组中的首个元素

由该实例可以看出，利用该函数可移除数组中的首个元素，并且所有数字键名从 0 开始计数。

2. 删除数组中的末尾元素

使用 Array_pop()函数可以删除数组中的最后一个元素，基本语法如下。

```
mixed Array_pop(Array $Array)
```

【实例 4-36】 删除数组中的末尾元素

```
<?php
header("content-type:text/html;charset=utf-8");
$booklist=Array("PHP",4=>"ASP","JSP","名著 1"=>"西游记","名著 2"=>"水浒传","小说"=>"人生
若只如初见");
Array_pop($booklist);
print_r($booklist);
?>
```

运行结果如图 4-31 所示。

图 4-31 删除数组中的末尾元素

由该实例可以看出使用该函数可以移除数组中的末尾元素，并且所有数字键名保持不变。

3. 删除数组中指定键名的元素

使用 unset()函数可以删除数组中指定键名的元素。

【实例 4-37】 删除数组中指定键名的元素

```php
<?php
header("content-type:text/html;charset=utf-8");
$booklist=Array("PHP",4=>"ASP","JSP","名著 1"=>"西游记","名著 2"=>"水浒传","小说"=>"人生
若只如初见");
unset($booklist["名著1"]);
print_r($booklist);
?>
```

运行结果如图 4-32 所示。

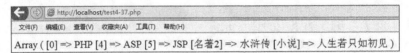

图 4-32 删除数组中指定键名的元素

删除函数的对比如表 4-6 所示。

表 4-6 删除函数的对比

函数	删除位置	返回值	影响
Array_shift()	删除首个元素	被移除的首个元素	数字键名从 0 开始重新计数
Array_pop()	删除末尾元素	被移除的末尾元素	数字键名保持不变
unset()	删除指定键名的元素	无返回值	数字键名保持不变

4. 自定义函数删除数组元素

【实例 4-38】 自定义函数删除数组元素，并输出删除前和删除后的元素

```php
<?php
header("content-type:text/html;charset=utf-8");
function bookRemove(&$Array,$offset,$length=1)
{
return Array_splice($Array,$offset,$length);
}
$booklist=Array("PHP",4=>"ASP","JSP","名著 1"=>"西游记","名著 2"=>"水浒传","小说"=>"人生
若只如初见");
echo "删除前的元素<br>";
print_r($booklist);
echo "<br>";
echo "删除后的元素<br>";
bookRemove($booklist,1,3);
print_r($booklist);
?>
```

运行结果如图 4-33 所示。

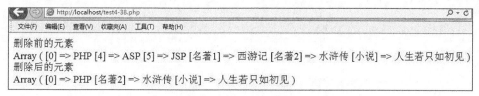

图 4-33　自定义函数删除数组元素

4.2.7　遍历数组

在 PHP 中，遍历数组有以下 3 种常用方法。

① 使用 for()语句循环遍历数组。

② 使用 foreach()语句循环遍历数组。

③ 联合使用 list()函数、each()函数和 while()语句循环遍历数组。

在这 3 种方法中，效率最高的是使用 foreach()语句循环遍历数组。PHP 4 开始引入 foreach()语句，这是 PHP 专门为遍历数组而设计的语句，我们推荐读者使用。下面分别介绍这几种方法。

1. 使用 for()语句循环遍历数组

注意，使用 for()语句循环遍历数组要求遍历的数组必须是索引数组。PHP 中不仅有关联数组还有索引数组，所以很少使用 for()语句循环遍历数组。

【实例 4-39】　使用 for()语句循环遍历数组

```php
<?php
$arr = Array('PHP','JSP','ASP');
$num = count($arr);
for($i=0;$i<$num;++$i){
echo $arr[$i].'<br />';
}
?>
```

注释：在上述代码中，首先计算出数组$arr 中的元素个数，然后使用 for()语句，这种做法十分高效。因为根据 for($i=0;$i< $num;++$i)，每次循环都会计算数组$arr 中的元素个数，而使用上面的方式可以减少这种开销。

2. 使用 foreach()语句循环遍历数组

使用 foreach()语句循环遍历数组有以下 2 种方式，使用较多的是第 1 种方式。

第 1 种方式的格式如下。

```php
foreach(Array_expression as $value){
//循环体
}
```

【实例 4-40】　使用 foreach()语句循环遍历数组

```php
<?php
header("content-type:text/html;charset=utf-8");
$arr=Array("PHP",4=>"ASP","JSP","名著 1"=>"西游记","名著 2"=>"水浒传","小说"=>"人生若只如
初见");
```

```
foreach($arr as $value){
echo $value.'<br />';
}
?>
```

运行结果如图 4-34 所示。

图 4-34　使用 foreach()语句循环遍历数组 1

在每次循环中，当前元素的值均被赋给变量$value，并且把数组内部的指针向后移动一位。所以在下一次循环中会得到数组的下一个元素，直到数组末尾才停止循环，结束数组的遍历。

第 2 种方式的格式如下。

```
foreach(Array_expression as $key=>$value){
//循环体
}
```

【实例 4-41】 　使用 foreach()语句循环遍历数组，并输出键名和键值

```
<?php
header("content-type:text/html;charset=utf-8");
$arr=Array("PHP",4=>"ASP","JSP","名著 1"=>"西游记","名著 2"=>"水浒传","小说"=>"人生若只如初见");
foreach($arr as $k=>$v){
echo $k."=>".$v."<br />";
}
?>
```

运行结果如图 4-35 所示。

图 4-35　使用 foreach()语句循环遍历数组 2

3．联合使用 list()函数、each()函数和 while()语句循环遍历数组

each()函数需要传递一个数组作为一个参数，返回数组中当前元素的键名/键值对，

并向后移动数组指针到下一个元素的位置。

list()函数不是一个真正的函数，是 PHP 的一个语言结构。list()函数使用一步操作对一组变量进行赋值。

【实例 4-42】　用 list()函数、each()函数和 while()语句循环遍历数组

```php
<?php
$arr = Array('PHP','JSP','ASP');
while(list($k,$v) = each($arr)){
echo $k.'=>'.$v.'<br />';
}
?>
```

运行结果如图 4-36 所示。

图 4-36　使用 list()函数、each()函数和 while()语句循环遍历数组

4.2.8 数组的排序

1. 简单排序

我们先看看最简单的情况：按从低到高的顺序对数组元素进行简单排序，这个函数既可以根据数字大小对数组元素进行排列，也可以按字母顺序对数组元素进行排列。sort()函数可以实现这个功能。

【实例 4-43】　对指定的数组元素进行排序，并输出排序前后的数组

```php
<?php
header("content-type:text/html;charset=utf-8");
$data = Array(5,8,1,7,2);
echo "排序前数组: </br>";
print_r($data);
echo "</br>";
sort($data);
echo "排序后数组: </br>";
print_r($data);
?>
```

运行结果如图 4-37 所示。

我们也能使用 rsort()函数对数组元素进行排序，它的结果与前面所使用的 sort()简单排序结果相反。rsort()函数对数组元素进行从高到低的排序，同样可以按数字大小排列，也可以按字母顺序排列。

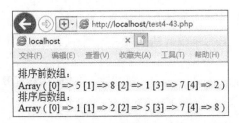

图 4-37 简单排序 1

【实例 4-44】 对指定数组元素按从高到低的顺序进行排列

```php
<?php
header("content-type:text/html;charset=utf-8");
$data = Array(5,8,1,7,2);
echo "排序前数组：</br>";
print_r($data);
echo "</br>";
rsort($data);
echo "排序后数组：</br>";
print_r($data);
?>
```

运行结果如图 4-38 所示。

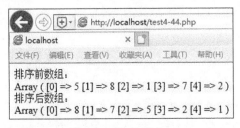

图 4-38 简单排序 2

2. 根据键名排序

使用数组时经常需要根据键名对数组按从大到小进行排序。ksort()函数可以根据键名对数组进行排序（倒排），同时，它在排序的过程中会保持键名的相关性。

【实例 4-45】 使用 ksort()函数对数组进行排序

```php
<?php
$data = Array("US" => "United States", "IN" => "India", "DE" => "Germany", "ES" =>
"Spain");
ksort($data);
print_r($data);
?>
```

运行结果如图 4-39 所示。

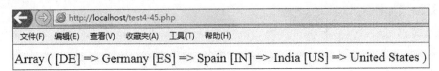

图 4-39 根据键名排序

3. 根据值排序

如果读者想使用值排序来取代键名排序，那么使用 asort() 函数来代替 ksort() 函数即可。

【实例 4-46】 值排序

```php
<?php
$data = Array("US" => "United States", "IN" => "India", "DE" => "Germany", "ES" =>
"Spain");
asort($data);
print_r($data);
?>
```

运行结果如图 4-40 所示。

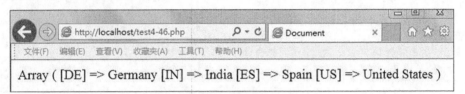

图 4-40 根据值排序

根据值也可以对数组元素进行倒排序，使用的是 asort() 函数。

排序函数的对比如表 4-7 所示。

表 4-7 排序函数的对比

函数	特点
sort()	按键值从小到大排序，键名和键值不具有相关性
rsort()	按键值从大到小排序，键名和键值不具有相关性
asort()	按键值从小到大排序，键名和键值保持相关性
ksort()	按键名从小到大排序，键名和键值保持相关性

4. 自然语言排序

PHP 有一种非常独特的排序方式，这种方式利用认知而不是利用计算规则进行排序，这种方式被称为自然语言排序。当创建模糊逻辑应用软件的时候，这种排序方式非常有用。

【实例 4-47】 自然语言排序

```php
<?php
$data = Array("book-1", "book-10", "book-100", "book-5");
sort($data);
print_r($data);
echo "<br>";
natsort($data);//自然语言排序
print_r($data);
?>
```

运行结果如图 4-41 所示。

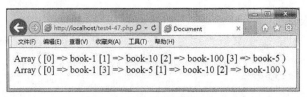

图 4-41　自然语言排序 1

它们之间的不同：natsort()函数的排序结果更直观，更人性化；sort()函数则更符合算法规则，更具计算机特点。自然语言排序能对数组元素进行倒排序吗？答案是肯定的！对 natsort()函数的排序结果使用 Array_reverse()函数即可。

【实例 4-48】　对数组进行倒排

```php
<?php
$data = Array("book-1", "book-10", "book-100", "book-5");
natsort($data);
print_r($data);
echo "<br>";
$data1=Array_reverse($data);
print_r($data1);
?>
```

运行结果如图 4-42 所示。

图 4-42　自然语言排序 2

5. 根据用户自定义的规则进行数组排序

在 PHP 中，用户也可以定义自己的排序算法，通过创建自定义比较函数，并把它传递给 usort()函数。如果第一个参数比第二个参数"小"，比较函数必须返回一个比 0 小的数值；如果第一参数比第二个参数"大"，比较函数应该返回一个比 0 大的数值。下述实例根据它们的长度对数组元素进行排序，将最短项放在最前面。

【实例 4-49】　根据用户自定义的规则进行数组排序

```php
<?php
$data = Array("joe@h**t.com", "john.doe@g*.c*.u*", "asmithsonian@u*.info", "jack@xxx.yy");
usort($data, 'sortByLen');
print_r($data);
function sortByLen($a, $b)
{
if (strlen($a) == strlen($b))
 return 0;
else
 return (strlen($a) > strlen($b)) ? 1 : -1;
}
?>
```

运行结果如图 4-43 所示。

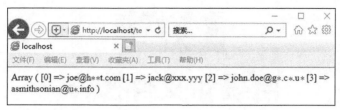

图 4-43 根据用户自定义的规则进行数组排序

<h1 style="text-align:center">练 习 题</h1>

简答题

1. 函数的形参与实参之间的数值传递方式有哪些，如何传递？

2. 字符串转换为整数有几种方法，如何实现？

3. 标量数据和数组之间的最大区别是什么？

4. 如何定义一个函数，函数名称区分大小写吗？

5. 什么是局部变量和全局变量，在函数内是否可以直接调用全局变量？

6. 什么是递归函数，如何进行递归调用？

7. func()函数和@func()函数之间有什么区别？

8. 数组的概念是什么，根据数据类型将数组分为哪两种，如何区分？数组的赋值方式有哪两种？

9. 请写出获取服务器当前日期和时间的函数。

第 5 章

目录和文件操作

在开发过程中，如果需要永久保存数据，一般有两种方法：一种方法是将数据直接保存在普通文件中，另一种方法是将数据保存在数据库中。

PHP 能为文件系统提供良好支持，并且提供了非常多的文件系统操作函数。用户可以在服务器上使用 PHP 生成目录，进行文件创建、文件编辑、文件删除、修改文件属性等操作。

◆ 学习目标

① 了解目录属性，掌握在 PHP 中目录的基本操作。

② 理解文件访问函数的应用。

③ 掌握目录的基本操作，用 PHP 函数操作目录。

④ 掌握文件的基本操作。

◆ 知识结构

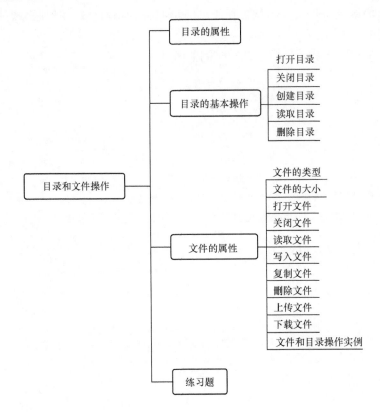

5.1　目录的属性

在 PHP 中,对目录进行操作就是对文件夹(操作系统的重要组成部分,用于管理文件的群组)进行操作。

将目录解析为不同属性非常有用,这主要涉及以下 3 个常用函数。

1.　basename()函数

该函数返回路径中的文件名部分,基本语法如下。

```
string basename(string path[,string suffix])
```

其中,path 是必选参数[1],表示需要检查的路径;suffix 是可选参数,表示文件的扩展名。

【实例 5-1】　basename()函数的应用

```php
<?php
$path="/var/www/test5-1.php";
echo "带有文件扩展名".basename($path);
echo "<br />";
echo "不带有文件扩展名".basename($path,".php");
?>
```

运行结果如图 5-1 所示。

图 5-1　basename()函数的应用

2.　dirname()函数

该函数返回路径中的目录部分,基本语法如下。

```
string dirname(string path)
```

其中,path 是必选参数,表示需要检查的路径。这是一个全路径字符串,返回去除文件名后的文件目录。

【实例 5-2】　指定路径,输出文件目录

```php
<?php
$path="/var/www/test5-2.php";
echo "文件目录".dirname($path);
?>
```

运行结果如图 5-2 所示。

图 5-2　使用 dirname()函数输出文件目录

1　本章实例是在 Linux 操作系统环境下运行的,在运行实例时建议在 php.ini 中设置 display_errors=On。

3. pathinfo()函数

该函数的基本语法如下。

```
array pathinfo(string path[,int options])
```

其中，path 是必选参数，表示需要检查的路径，options 是可选参数。该函数的返回值是一个数组。

【实例 5-3】 pathinfo()函数的应用

```php
<?php
$path="/var/www/html/test5-3.php";
$a=pathinfo($path);
print_r($a);
echo "<br />";
echo "目录名: ".$a['dirname']."<br />";
echo "扩展名: ".$a['extension']."<br />";
echo "带扩展名的文件名: ".$a['basename']."<br />";
echo "不带扩展名的文件名: ".$a['filename']."<br />";
?>
```

运行结果如图 5-3 所示。

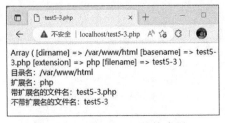

图 5-3　pathinfo()函数的应用

5.2 目录的基本操作

5.2.1 打开目录

在 PHP 中，打开目录的函数为 opendir()，其语法如下。

```
opendir(string path)
```

其中，path 参数代表路径。该函数返回一个资源对象。

【实例 5-4】 打开文件的目录，判断目录是否存在

```php
<?php
$dir = "/var/www/html/";
if(is_dir($dir)) //使用 is_dir()函数判断路径的有效性，其语法为 bool is_dir(string path)
{$dir_res = opendir($dir);
echo "目录存在";
}
```

```
else
echo "目录不存在或者不是有效的目录";
?>
```

运行结果如图 5-4 所示。

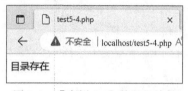

图 5-4　【实例 5-4】的运行结果

5.2.2　关闭目录

在 PHP 中，关闭目录的函数为 closedir()，其语法如下。

```
void closedir(dir_resource)
```

其中，dir_resource 参数指使用 opendir()函数返回的资源对象。

【实例 5-5】　关闭文件目录

```
<?php
closedir($dir_res);     //$dir_res 是在【实例 5-4】中打开目录返回的资源对象
?>
```

5.2.3　创建目录

在 PHP 中，创建目录的函数为 mkdir()，其语法如下。

```
bool mkdir(string pathname[,int mode[,bool recursive[,resource context]]])
```

其中，pathname 是必选参数，表示要创建的目录的地址，执行成功则返回 true，执行失败则返回 false。其他 3 个参数是可选参数，说明如下。

- mode：规定权限，默认值是 0777，表示最高访问权限。
- recursive：指定是否设置递归模式。
- context：指定文件句柄的环境。

注意，如果程序是在 Windows 操作系统环境下运行，那么 mode 参数会被自动忽略。另外，recursive 参数和 context 参数都是在 PHP 5 之后增加的，不可用于早期的 PHP 4 环境。

【实例 5-6】　创建指定的文件目录

```
<?php
$dir ="/var/www/html/php/";
if(!is_dir($dir))
mkdir($dir,0700);
else[1]
echo "该目录已经存在";
?>
```

---

[1]　在创建目录或删除目录时，如果遇到权限问题，可以试试为目录赋权和关闭 SELinux 防火墙。

由此可知，在指定目录下创建了一个 PHP 文件夹。

5.2.4　读取目录

在 PHP 中，读取目录中文件的函数为 readdir()，其语法如下。

```
String readdir(resource dir_handle)
```

其中，dir_handle 参数指使用 opendir()函数返回的资源对象。该函数按照文件系统的文件排序返回文件名。

【实例 5-7】　读取指定的文件目录

```php
<?php
$dir = "/var/www/html/";
$dir_res = opendir($dir);
while($filen = readdir($dir_res ))
{ echo $filen."<br />";
}


closedir($dir_res);
?>
```

运行结果如图 5-5 所示。

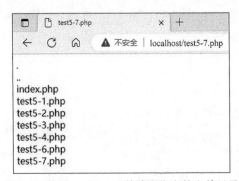

图 5-5　使用 readdir()函数读取指定的文件目录

注意，"."表示当前目录，".."表示上一级目录。

【实例 5-8】　列出当前目录的所有文件，并且过滤"."".."

```php
<?php
$dir = "/var/www/html";
$dir_res = opendir($dir);
while($filen = readdir($dir_res ))
{
if( $filen!= "." && $filen!= "..")
echo $filen."<br>";
}


closedir($dir_res);
?>
```

运行结果如图 5-6 所示。

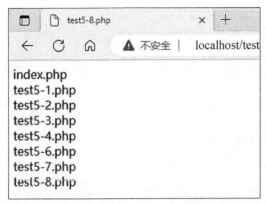

图 5-6　使用 readdir()函数列出当前目录的所有文件

除了 readdir()函数外，在 PHP 中还可以使用 scandir()函数列出指定路径中的文件和目录。基本语法如下。

```
array scandir (string directory[,int sorting_order[,resource context]])
```

该函数包含 3 个参数，参数说明如下。

- directory：被浏览的目录。
- sorting_order：可选参数，默认按字母升序排列；如果设置值为 1，则按字母降序排列。
- context：可选参数，用户指定文件句柄的环境。

【实例 5-9】　scandir()函数的应用

```php
<?php
$dir ="/var/www/html";
$arr=scandir($dir) ;
foreach($arr as $value)
echo $value."<br>";
?>
```

运行结果如图 5-7 所示。

```
.
..
conn.php
denglu.php
dl.css
fb_liuyan.php
fb_liuyan.php.bak
footer.php
header.php
images
layout1.css
yzm.php
zc.php
```

图 5-7　scandir()函数的应用

5.2.5 删除目录

在 PHP 中，删除目录的函数为 rmdir()，其语法如下。

```
bool rmdir(string pathname)
```

其中，pathname 参数表示要删除的目录地址。

【实例 5-10】 删除指定目录

```
<?php
$dir ="/var/www/html/php/";
if(is_dir($dir))
if(rmdir($dir))
echo "删除成功";
else
echo "删除失败";
?>
```

注意，在删除目录时，目录必须为空。

5.3 文件的属性

5.3.1 文件的类型

一个文件目录下可以包含多个文件。在 PHP 中，可以使用 filetype()函数来获取文件的类型。基本语法如下。

```
String filetype(string filename)
```

其中，filename 是必选参数。

filetype()函数的返回值及其说明如表 5-1 所示。

表 5-1 filetype()函数的返回值及其说明

返回值类型	说明
fifo	命名管道
dir	目录，即文件夹
block	块设备
char	字符设备
link	符号链接
file	硬链接
unknown	未知类型

【实例 5-11】 获取指定目录的文件类型

```php
<?php
$filename=filetype("/var/www/html/test5-11.php");
echo "/var/www/html/test5-11.php 的类型是".$filename."<br>";
$filename=filetype("c:/wamp/www");
echo "/var/www/的类型是".$filename;
?>
```

运行结果如图 5-8 所示。

图 5-8 filetype()函数的应用

5.3.2 文件的大小

通过 filesize()函数，用户可获取指定文件的大小。基本语法如下。

```
int filesize(string filename)
```

【实例 5-12】 获取指定文件的大小

```php
<?php
$filename=filesize("/var/www/html/test5-11.php");
echo "/var/www/html/test5-11.php 的大小是".$filename."<br>";
?>
```

运行结果如图 5-9 所示。

图 5-9 filesize()函数的应用

5.3.3 打开文件

在 PHP 中，打开文件的函数为 fopen()。该函数会返回一个资源对象，以存储当前的文件资源，其语法如下。

```
resource fopen(string filename,string mode[,bool use_include_path[,resource zcontext)
```

其中，filename 是必选参数，为文件名或者文件所在的路径；mode 表示文件的打开方式。

Mode 也是必选参数，指定要求文件/流的访问类型，其取值及说明如表 5-2 所示。

表 5-2 fopen()函数的 mode 取值及其说明

mode 取值	说明
r	以只读方式打开文件，将文件指针指向文件头
r$^+$	以读写方式打开文件，将文件指针指向文件头
w	以写入方式打开文件，将文件指针指向文件头。如果文件已存在则清空文件内容，如果文件不存在则创建文件
w$^+$	以读写方式打开文件，将文件指针指向文件头。如果文件已存在则清空文件内容，如果文件不存在则创建文件
a	以写入方式打开文件，将文件指针指向文件尾。如果文件已存在则追加，如果文件不存在则创建文件
a$^+$	以读写方式打开文件，将文件指针指向文件尾。如果文件已存在则追加，如果文件不存在则创建文件
x	以写入方式打开文件，如果文件已存在则打开失败，如果文件不存在则创建文件
x$^+$	以读写方式打开文件，如果文件已存在则打开失败，如果文件不存在则创建文件

【实例 5-13】 打开文件

```php
<?php
$file1=fopen("readme","r"); //readme 是当前发布目录下的文本文件
echo fgetc($file1);
$file2=fopen("test5-13.php ","r+");
$file3=fopen("https://www.×××.com","r");
?>
```

5.3.4 关闭文件

在 PHP 中，关闭文件的函数为 fclose()，其语法如下。

```
bool fclose(file_resource)
```

其中，file_resource 参数为使用 fopen()函数后返回的资源对象。

【实例 5-14】 关闭文件

```php
<?php
$file1=fopen("readme","r");
echo fgetc($file1);
fclose($file1);
?>
```

5.3.5 读取文件

打开文件后，可以使用 PHP 内置函数来读取文件中的数据。这些函数不仅可以一次只读取一个字符，还可以一次性读取整个文件。

读取文件相关的 PHP 内置函数如表 5-3 所示。

表 5-3　读取文件相关的 PHP 内置函数

函数名称	说明
file()	把整个文件读入一个数组，各元素由换行符分隔
file_get_contents()	把整个文件读入一个字符串
fread()	可以规定读取几个字符
fgetc()	读取一个字符
fgets()	读取一行字符串
fgetss()	读取一行字符串，并自动过滤 HTML 和 PHP 标记

1. file()函数

该函数的基本语法如下。

```
array file(string filename[,int use_include_path[,resource context]])
```

【实例 5-15】　file()函数的应用

```php
<?php
$filename="readme";
if(file_exists($filename))
{
$a=file($filename);
foreach($a as $num=> $value)
echo $num."=>".$value."< br />";
}
else
echo "该文件不存在";
?>
```

运行结果如图 5-10 所示。

图 5-10　file()函数的应用

2. file_get_contents()函数

该函数的基本语法如下。

```
string file_get_contents(string filenae[,int use_include_path[,resource context[,int
offset[,int maxlen]]]])
```

【实例 5-16】　file_get_contents()函数的应用

```php
<?php
$filename="readme";
if(file_exists($filename))
{
$a=file_get_contents($filename);
echo $a;
}
```

```
else
echo "该文件不存在";
?>
```

运行结果如图 5-11 所示。

图 5-11　file_get_contents()函数的应用

从图 5-11 可以看出，虽然使用 file_get_contents()函数也可以读取文件内容，但是它将所有文件内容显示在同一行，未进行换行显示。

如何修改代码才能达到换行显示内容的效果呢？

【实例 5-17】　file_get_contents()函数配合 explode()函数，实现文件内容换行显示

```
<?php
$filename="readme";
if(file_exists($filename))
{
$a=file_get_contents($filename);
$b=explode("\n",$a);
foreach($b as $num=> $value)
echo $num."=>".$value."<br />";
}
else
echo "该文件不存在";
?>
```

在浏览器上的输出结果如图 5-10 所示。

explode()函数的功能是将字符串分隔成数组。

3．fread()函数

该函数的基本语法如下。

```
fread(int handle, int length)
```

该函数从文件指针 handle 指向的内存处最多读取 length 字节。

【实例 5-18】　读取文件的内容

```
<?php
$filename="readme";
if(file_exists($filename))
{
$handle=fopen($filename,"r");
$a=fread($handle,filesize($filename));
echo $a;
fclose($handle);
}
else
echo "该文件不存在";
?>
```

在上述代码中，必须先使用 fopen()函数打开文件，再使 filesize()函数读取文件的字节数，最后使用 fread()函数读取文件内容。

4. fgetc()函数

该函数的基本语法如下。

```
string fgetc ( resource $handle )
```

【实例 5-19】　fgetc()函数的应用

```php
<?php
$fp = fopen('readme.txt', 'r');
echo fgetc($fp);
?>
```

运行结果如图 5-12 所示。

图 5-12　fgetc()函数的应用

5. fgets()函数

该函数的基本语法如下。

```
string fgets ( int $handle [, int $length ] )
```

从 handle 指向的文件中读取一行字符串并返回长度最多为 length-1 字节的字符串。碰到换行符（包括在返回值中）、EOF（文件结束标志）或在读取了 length-1 字节后停止。如果没有指定 length 参数的值，则默认为 1024 字节。该函数在出错时返回 FALSE。

【实例 5-20】　fgets()函数的应用

```php
<?php
$fp = fopen('readme', 'r');
echo fgets($fp);
?>
```

运行结果如图 5-13 所示。

图 5-13　fgets()函数的应用

6. fgetss()函数

该函数的基本语法如下。

```
string fgetss( resource $handle [, int $length [, string $allowable_tags ]] )
```

和 fgets()函数的不同之处在于，fgetss()函数尝试从读取的文本中去除 HTML 和 PHP 标记。读者可以用可选的第 3 个参数指定哪些标记不被去除。

【实例 5-21】 fgetss()函数的应用

```php
<?php
$fp = fopen('readme', 'r');
echo fgetss($fp);
?>
```

5.3.6 写入文件

读取操作不会改变文件的内容，如果要实现修改文件的功能，那么必须对文件进行写入操作，在 PHP 中通过使用 fwrite()函数、fputs()函数和 file_put_contents()函数来实现。

1. fwrite()函数

该函数的基本语法如下。

```
int fwrite ( resource $handle , string $string [, int $length ] )
```

fwrite()函数把 string 参数的值写入文件指针 handle 处。如果已指定 length 参数的值，当写入了相应长度的内容或者写完 string 参数的值后，写入就会停止。

【实例 5-22】 写入文件

```php
<?php
$filename = 'readme';
$somecontent = "添加这些文字到文件 ";
// 首先要确定文件存在并且可写入
if (is_writable($filename)) {
// 在这个实例中，将使用添加模式打开$filename，因此，文件指针将会在文件的末尾，即当使用 fwrite()函
数时，$somecontent 将要写入的地方
if (!$handle = fopen($filename, 'a')) {
 echo "不能打开文件 $filename";
 exit;
 }
// 将$somecontent 写入已打开的文件
if (fwrite($handle, $somecontent) === FALSE) {
echo "不能写入文件 $filename";
exit;
}
echo "成功地将 $somecontent 写入文件$filename";
fclose($handle);
} else {
echo "文件 $filename 不可写入";
}
?>
```

运行结果如图 5-14 所示。readme 文件原内容和现有内容如图 5-15 和图 5-16 所示。

图 5-14 fwrite()函数的应用

```
[root@linuxprobe html]# cat readme
1.test
2.测试文件
```

图 5-15 readme 文件原内容

```
[root@linuxprobe html]# cat readme
1.test
2.测试文件
添加这些文字到文件 添加这些文字到文件
```

图 5-16　readme 文件现有内容

2. fputs()函数

此函数是 fwrite()函数的别名，其用法和 fwrite()函数一样，这里不再详述。

3. file_put_contents()函数

该函数的基本语法如下。

```
int file_put_contents ( string $filename , string $data [, int $flags [, resource $
context ]] )
```

该函数将一个字符串写入文件。它和依次调用fopen()函数、fwrite()函数及fclose()函数所实现的功能一样。

该函数的参数 data 可以是数组（但不能为多维数组），即 file_put_contents($filename, join('', $array))。

file_put_contents()函数的参数及其说明如表 5-4 所示。

表 5-4　file_put_contents()函数的参数及其说明

参数	说明
filename	要被写入数据的文件名
data	要写入的数据。类型可以是string、array等
flags	可以是 FILE_USE_INCLUDE_PATH，FILE_APPEND / LOCK_EX（获得一个独占锁定），然而在使用 FILE_USE_INCLUDE_PATH 时要特别谨慎
context	一个语境资源

【实例 5-23】 通过 file_put_contents()函数在 readme 文件现有内容中添加一段字符串，并将这些字符串分为 3 行

```php
<?php
$filename="readme";
$data="悄悄地,我走了\r\n 正如我悄悄地来\r\n 我挥一挥衣袖";
$write=file_put_contents($filename,$data);
if($write==false)
echo "不能写入文件".$filename;
else
echo "已经成功向"$filename"文件中添加内容,添加的字节数是".$write;
}
?>
```

执行代码后，运行结果如图 5-17 所示。

已经成功向readme文件中添加内容，添加的字节数是64

图 5-17　file_put_contents()函数的应用

fwrite()函数和 file_put_contents()函数之间的区别如下。

① 使用 file_put_contents()函数时，如果没有第 3 个参数，会改写原文件。

② 使用 file_put_contents()函数时，不必先用 fopen()函数打开文件。

③ 如果要实现和 fwrite()函数相同的功能，需要将 file_put_contents()函数的第 3 个参数指定为 FILE_APPEND。

④ file_put_contents()函数是文件操作函数的一个包装，用于简化写文件的操作。包装与不包装的区别在于包装后的函数简单、灵活性较差，不包装的函数灵活性较强，但更复杂些。

5.3.7 复制文件

在 PHP 中，复制文件的函数为 copy()，基本语法如下。

```
bool copy(string filename1,string filename2)
```

其中，filename1 为源文件及其路径，filename2 为目标文件及其路径。

【实例 5-24】 复制文件

```
<?php
$filename1 ="readme ";
$filename2 = "readme_bak ";
copy($filename1 ,$filename2);
?>
```

在 readme 文件的旁边将出现一个 readme_bak 文件。

5.3.8 删除文件

在 PHP 中，删除文件的函数为 unlink()，基本语法如下。

```
bool unlink(string filename)
```

其中，filename 为文件的名称及其路径。

【实例 5-25】 删除文件

```
<?php
$filename = "readme_bak";
unlink($filename);
?>
```

readme_bak 文件将被删除。

5.3.9 上传文件

通过 PHP，文件可以被上传到服务器。允许用户从表单上传文件是非常有用的。

1. 创建一个文件上传表单

【实例 5-26】 上传文件

```
<html>
<body>
<form action="test5-26.php" method="post" enctype="multipart/form-data">
<label for="file">文件:</label>
```

```
<input type="file" name="file" id="file" />
<br />
<input type="submit" name="submit" value="上传" />
</form>
</body>
</html>
```

运行结果如图 5-18 所示。

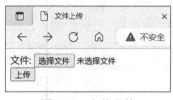

图 5-18　上传文件

请留意以下有关此表单的信息。

- <form>标签的 enctype 属性规定了在提交表单时应使用的内容类型。在表单需要二进制数据时，如文件内容，请使用"multipart/form-data"。
- <input>标签的 type="file"属性规定了应该把输入作为文件来处理。举例来说，当在浏览器中预览时，我们会看到在输入框旁边有一个"浏览"按钮。

注释：允许用户上传文件隐藏着巨大的安全风险，我们建议仅允许可信的用户执行文件上传操作。

2. 创建上传脚本

【实例 5-27】　输出上传文件的类型、大小和名称等信息

```php
<?php
if ($_FILES["file"]["error"] > 0)
{
echo "Error: " . $_FILES["file"]["error"] . "<br />";
}
else
{
echo "Upload: " . $_FILES["file"]["name"] . "<br />";
echo "Type: " . $_FILES["file"]["type"] . "<br />";
echo "Size: " . ($_FILES["file"]["size"] / 1024) . " 字节<br />";
echo "Stored in: " . $_FILES["file"]["tmp_name"];
}
?>
```

运行结果如图 5-19 所示。

图 5-19　创建上传脚本

使用 PHP 的全局数组$_FILES，可以从客户计算机向远程服务器上传文件。

$_FILES 的第 2 个参数是表单的 input name，第 2 个下标可以是 "name" "type" "size" "tmp_name" 或 "error"，具体如下。

- $_FILES["file"]["name"]：被上传文件的名称。
- $_FILES["file"]["type"]：被上传文件的类型。
- $_FILES["file"]["size"]：被上传文件的大小，单位为字节。
- $_FILES["file"]["tmp_name"]：存储在服务器中的文件的临时副本名称。
- $_FILES["file"]["error"]：上传文件导致的错误代码。

这是一种非常简单的文件上传方式。基于安全方面的考虑，我们建议增加针对用户上传文件权限的限制。

3. 文件上传限制

在【实例 5-28】中，我们增加了对文件上传的限制。用户只能上传 ".gif" ".jpeg" 格式的文件，文件大小必须小于 3MB。

【实例 5-28】 对上传的文件进行限制

```php
<?php
if ((($_FILES["file"]["type"] == "image/gif")|| ($_FILES["file"]["type"] == "image/
jpeg"))&& ($_FILES["file"]["size"] < 1024*1024*3))
{
if ($_FILES["file"]["error"] > 0)
{
echo "Error: " . $_FILES["file"]["error"] . "<br />";
}
else
{
echo "Upload: " . $_FILES["file"]["name"] . "<br />";
echo "Type: " . $_FILES["file"]["type"] . "<br />";
echo "Size: " . ($_FILES["file"]["size"] / 1024) . " Kb<br />";
echo "Stored in: " . $_FILES["file"]["tmp_name"];
}
}
else
{
echo "Invalid file";
}
?>
```

如果上传一张后缀为 ".bmp" 格式的图片，【实例 5-28】的运行结果如图 5-20 所示。

图 5-20 上传 ".bmp" 格式图片的运行结果

4. 保存被上传的文件

【实例 5-28】在服务器的 PHP 临时文件夹中创建了一个被上传文件的临时文件副本，这个临时文件副本会在代码执行结束时消失。要保存被上传的文件，需要把它复制到其他位置。

【实例 5-29】　将上传的文件保存到指定目录

```php
<?php
if ((($_FILES["file"]["type"] == "image/gif")
|| ($_FILES["file"]["type"] == "image/jpeg")
&& ($_FILES["file"]["size"] < 1024*1024*3))
{
if ($_FILES["file"]["error"] > 0)
{
echo "Return Code: " . $_FILES["file"]["error"] . "<br />";
}
else
{
echo "Upload: " . $_FILES["file"]["name"] . "<br />";
echo "Type: " . $_FILES["file"]["type"] . "<br />";
echo "Size: " . ($_FILES["file"]["size"] / 1024) . " Kb<br />";
echo "Temp file: " . $_FILES["file"]["tmp_name"] . "<br />";

if (file_exists("upload/" . $_FILES["file"]["name"]))
{
echo $_FILES["file"]["name"] . " already exists. ";
}
else
{
move_uploaded_file($_FILES["file"]["tmp_name"],"upload/" . $_FILES["file"]["name"]);
echo "Stored in: " . "upload/" . $_FILES["file"]["name"];
}
}
}
else
{
echo "Invalid file";
}
?>
```

5.3.10　下载文件

通常，下载文件十分简单，建立一个链接指向目标文件即可，例如下述链接格式。

```
<a href=http://www.xxx.com/xxx.rar>单击下载文件</a>
```

但是，实际情况可能会更加复杂，例如浏览器重定下载、文件查找下载、用户登录后下载等。下面介绍两种文件下载方式。

① Redirect 方式。先检查表格是否已经填写完毕和完整，然后将链接指向该文件，用户便可以下载文件了。示例代码如下。

```php
<?php
/*文件功能: 检查变量 form 是否完整*/
if($form){
//重新定向浏览器指向
header("location: http:// http://www.xxx.com/xxx.rar");
exit;
}
?>
```

② 根据下载文件的 ID 来查找，链接的形式如下。

```html
<a href="http://www.xxx.com/download.php?id=123455">单击下载文件</a>
```

上述链接使用 ID 方式接收要下载文件的 ID，然后采用 Redirect 方式连接到真实的文件链接。

以上两种方式虽然实现了文件的下载功能，但缺点是直接暴露了文件所属路径，而且没有防盗链的功能，所以上述方式是简单、直接但存在安全隐患的文件下载方式。在 PHP 中，通常利用 header()函数和 fread()函数来实现安全的文件下载。

例如，需要下载一个文件名为"xxx.rar"的文件，首先创建名为"download.php"的 PHP 文件。前述例子可以很容易地通过文件的 ID 从数据库中得到待下载文件的真实存储位置，之后可以通过 header()函数的 location 参数直接重定向到这个文件。但是这样仍然是不安全的，因为某些下载软件还是可以通过重定向分析获得该文件的存储位置信息，因此，需要使用另外一种方法，即使用 PHP 文件处理 API 函数。它通过 fread()函数直接将文件输出到浏览器，提示用户下载，这样所有的处理都是在服务器上完成的，因而用户无法获得文件的具体存储位置信息。

客户端从服务器下载文件的流程具体如下。

首先，浏览器发送一个请求，请求访问服务器中的某个网页（如："down.php"）。

然后，服务器在接收到该请求以后，马上运行"down.php"文件。

最后，在运行该文件时，必然要把下载的文件读入内存，通过使用 fopen()函数完成该操作。注意任何有关从服务器下载文件的操作，必须先在服务器将文件读入内存，再从内存中读取文件，通过使用 fread()函数完成该操作。需要注意的是，如果文件较大，文件会被分成多个片段返回客户端（浏览器），而不是等文件在服务器上全部读取完毕，一次性返回客户端，因为这会增加服务器的负荷，因此在 PHP 代码中需要设置一次读取的字节数，如在【实例 5-30】中通过"$buffer = 1024"设置了一次读取的字节数。

down.php 的执行流程如图 5-21 所示。

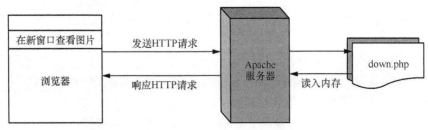

图 5-21　down.php 的执行流程

【实例 5-30】　下载文件

```php
<?php
header("Content-Type:text/html;charset=utf-8");
// $file_name="cookie.jpg";
$file_name="test.tar.gz";
//用于解决中文无法显示的问题
//$file_name=iconv("utf-8","gb2312",$file_name);
//$file_sub_path=$_SERVER['DOCUMENT_ROOT']."marcofly/phpstudy/down/down/";
$file_sub_path="upload/";
$file_path=$file_sub_path. $file_name;
echo $file_path;
//首先要判断给定的文件是否存在
if(!file_exists($file_path)){
echo "没有该文件";
return ;
}
$fp=fopen($file_path,"r");
$file_size=filesize($file_path);
//下载文件需要用到的头
header("Content-Type: application/octet-stream");
header("Accept-Ranges: bytes");
header("Accept-Length:".$file_size);
header("Content-Disposition: attachment; filename=".$file_name);
$buffer=1024;
$file_count=0;
//向浏览器返回数据
while(!feof($fp) && $file_count<$file_size){
$file_con=fread($fp,$buffer);
$file_count+=$buffer;
echo $file_con;
}
fclose($fp);
?>
```

运行结果如图 5-22 所示。

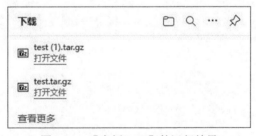

图 5-22　【实例 5-30】的运行结果

从图 5-22 中可以看到文件按照预想的方式被提示下载，接下来可单击 "保存" 按钮将文件保存在本地。

在上述代码中，程序发送 header 信息用于告诉 Apache 服务器和浏览器下载文件

的相关信息，Content-Type 的含义为文件 MIME 类型是文件流格式。关于 file_exists()
函数不支持中文路径的问题，因为 PHP 函数出现较早，不支持中文，所以如果被下
载的文件的文件名是中文，需要对其进行字符编码转换，否则 file_exists()函数将不
能识别该文件。

header("Content-Type: application/octet-stream")的作用是让浏览器知道服务器返回文
件的形式。

header("Accept-Ranges: bytes")的作用是告诉浏览器返回文件的大小是按照字节进行
计算的。

header("Accept-Length:".$file_size)的作用是告诉浏览器返回文件的大小。

header("Content-Disposition: attachment; filename=".$file_name)的作用是告诉浏览器
返回文件的名称。

以上 4 个 header()函数是必要的，fclose($fp)可以把缓冲区内最后剩余的数据输出到
磁盘文件中，并释放文件指针和有关的缓冲区。

5.3.11　文件和目录操作实例

本小节介绍留言本的实现过程。

留言本有什么功能？毫无疑问，是留言。留言之后，客户还能查看其留言。

留言本应有用户发表的标题、用户的姓名、要发表的内容等，因此，留言本需要实
现 3 个模块：① 提供表单供用户输入数据的静态 HTML 页面；② 用于接收用户的输入
并保存结果的 PHP 页面；③ 用于显示留言内容的 PHP 页面。

【实例 5-31】　留言本的实现

```
<!Doctype html>
<html lang="en">
<head>
    <meta charset="UTF-8">
    <title>留言本实战</title>
</head>

<body>
    <h1>
        <p align="center">我的留言本</p>
    </h1>
    <form method="post" action="post.php">
        <table width="500" border="0" align="center" cellpadding="0" cellspacing="0">
            <tr>
                <td>标题</td>
                <td><input size="50" name="title"></td>
            </tr>
            <tr>
                <td>作者</td>
                <td><input size="20" name="author"></td>
            </tr>
```

```
                <tr>
                    <td>内容</td>
                    <td><textarea cols="50" rows="10" name="content"></textarea></td>
                </tr>
            </table>
            <p align="center">
                <input value="提交" type="submit">
                <input value="重置" type="reset">
            </p>
            <a href="display.php">查看留言</a>
        </form>
    </body>
</html>
```

设计 PHP 页面，代码如下。

```php
<?php
$path = "guestbook/"; //指定存储路径
$filename = "S".date("YmdHis").".dat"; //由当前时间产生文件名
$fp = fopen($path.$filename,"w");        //以写方式创建并打开文件
fwrite($fp, $_POST["title"]."\n");      //写入文件名称
fwrite($fp, $_POST["author"]."\n");     //写入作者
fwrite($fp, $_POST["content"]."\n");    //写入内容
fclose($fp);
echo "您的留言发表成功"; //提示留言发表成功
echo "<a href='test5-31.html'>返回首页</a>";
?>
    //显示用户留言内容的在另外一个页面"display.php"，其文件名为"display.php"
<?php
$path = "guestbook/";            //定义路径
$dr = opendir($path);            //定义目录
while($filen = readdir($dr)) //循环读取目录中的文件
{
  if($filen != "." and $filen != "..")
  {
   $fs = fopen($path.$filen,"r");
   echo "<B>标题: </B>".fgets($fs)."<br />";
   echo "<B>作者: </B>".fgets($fs)."<br />";
   echo "<B>内容: </B><PRE>".fread($fs,filesize($path.$filen))."</PRE>";
   //<PRE>被包围在 pre 元素中的文本通常会保留空格和换行符，而文本会呈现为等宽字体
   echo "<hr />"; //输入一条线，用来隔开每条留言
   fclose($fs);
  }
}
 closedir($dr);      //关闭目录
?>
```

练 习 题

简答题

1．打开文件和关闭文件分别使用什么函数？文件读写使用什么函数？删除文件使用什么函数？判断一个文件是否存在使用什么函数？新建目录使用什么函数？

2．文件上传需要注意哪些细节？怎么把文件保存到指定目录？

3．在文件下载时，如何使用 header()函数？

4．页面字符出现乱码，怎么解决？

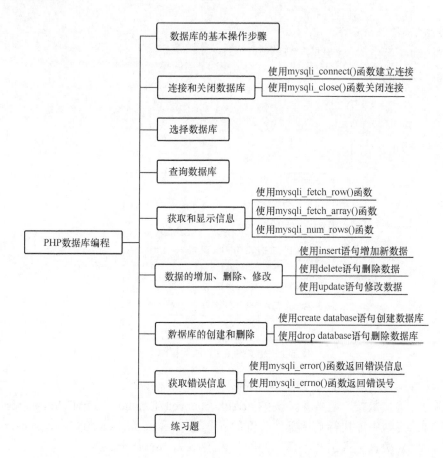

第6章

PHP 数据库编程

MySQL 是一种小型 SQL 数据库，具有稳定、安全、检索速度快等优点。MySQL 与
PHP 的结合，使得编写基于数据库的 Web 应用程序变得十分简单。PHP 为 MySQL 提供
了 40 多种函数。

◆ 学习目标

① 了解 MySQL 数据库。

② 掌握数据库的基本操作方法。

③ 掌握数据库、数据表的建立和删除方法。

④ 掌握数据表中的增加、删除、修改、查找等操作。

◆ 知识结构

6.1 数据库的基本操作步骤

访问 MySQL 一般都遵循固定步骤，接下来我们以一个具体实例进行演示。

假设已经在 MySQL 中创建了一个名为"test"的数据库，其中含有一个数据表 "student"。以下代码将实现连接和显示数据表"student"中的所有记录。

【实例 6-1】 显示数据表中的所有记录，并以表格的形式输出

```
    <meta charset="UTF-8">
<?php
$db = mysqli_connect("localhost","root","root","test");
if(mysqli_connect_errno()){
    die("数据库连接出错:".mysqli_connect_error());
}

$result = mysqli_query($db,"select * from student");
if(!$result){
    die("访问错误:".mysqli_error($link));
}
echo "<table border=1>";
echo "<tr><th>学号</th><th>姓名</th><th>电话</th><th>所在班级</th></tr>\n";
while ($myrow = mysqli_fetch_row($result)) {
    printf("<tr> <td>%s</td> <td>%s</td><td>%s</td><td>%s</td></tr>", $myrow[0],
$myrow[1], $myrow[2], $myrow[3]);
}
echo "</table>";
    ?>
```

运行结果如图 6-1 所示。

图 6-1 【实例 6-1】的运行结果

可以看到，访问数据库的固定步骤可以被归纳为以下内容。

步骤 1：连接数据库服务器，例如 mysqli_connect("localhost","root","root","test")。

步骤 2：对数据库执行具体操作，例如 mysqli_query($db,"select * from student")。

步骤 3：对数据记录进行处理，例如 mysqli_fetch_row($result)。

6.2 连接和关闭数据库

PHP 提供了用于建立 MySQL 服务器连接及关闭 MySQL 连接的函数。mysqli_connect()函数可以建立到 MySQL 服务器的连接。mysqli_close()函数为关闭数据库连接时所使用的函数。

6.2.1 使用 mysqli_connect()函数建立连接

mysqli_connect()函数用于建立与 MySQL 服务器的连接，其语法格式如下。

```
resource mysqli_connect(host,username,password,dbname,port,socket);
```

函数中，各参数的含义如表 6-1 所示。

表 6-1　mysqli_connect()函数各参数的含义

参数	含义
host	MySQL 服务器主机名或 IP 地址，可选参数，默认为"localhost"
port	MySQL 服务器端口号，可选参数，默认为 3306
socket	规定 socket 或要使用的已命名管道
username	用户名，对应于 MySQL 服务器权限表中指定的用户名，默认为服务器进程所有者的用户名
password	密码，对应于 MySQL 服务器权限表中指定用户名的密码，默认为空
dbname	规定默认使用的数据库

如果该函数调用成功，则将返回资源标识号（也称数据库连接号、连接句柄、资源句柄或连接标识号，它可以唯一确定一个连接），否则返回 false。在通常情况下，使用 mysqli_connect()函数的前 3 个参数就可以连接数据库。

【实例 6-2】　连接数据库

```
<?php
@mysqli_connect("localhost","webmaster","secret")or die("连接失败,无法连接到 MySQL 服务器! ");
?>
```

其中，"localhost"是服务器主机名，"webmaster"是用户名，"secret"是密码，mysqli_connect()函数之前的符号"@"表示禁止输出调用 mysqli_connect()函数失败时所产生的任何系统错误信息。

die()函数用于调用 mysqli_connect()函数失败时输出用户指定的错误信息，即"连接失败，无法连接到 MySQL 服务器！"。

可以看到，在本实例中，在调用 mysqli_connect()函数时并没有显式地返回资源标识号。在程序中只有一个 MySQL 连接时，这种处理是可以的，但是，当与多台主机上的多个 MySQL 服务器进行连接时，就必须显式地返回资源标识号，以使之后的命令可以根据资源标识号发往不同的 MySQL 服务器。

【实例 6-3】 连接不同的数据库服务器，并输出结果，192.168.126.128 是一台已安装 MySQL 的服务器的 IP 地址，该服务器允许远程访问 MySQL 服务

```
<?php
$connect1=@mysqli_connect("localhost","root","root")or die("连接失败,无法连接到本地
MySQL 服务器! ");
echo("成功连接到localhost 服务器");
$connect2=@mysqli_connect("192.168.126.128", "root", "Test.123")or die("连接失败,无法
连接到 192.168.126.128MySQL 服务器! ");
echo("<br />成功连接到 192.168.126.128 服务器");
$connect3=@mysqli_connect("localhost", "webmaster", "password")or die("<br>连接失败,
无法连接到 www.×××××.com 服务器! ");
    ?>
```

运行结果如图 6-2 所示。

图 6-2 【实例 6-3】的运行结果

可以看到，与"localhost 服务器""192.168.126.128 服务器"的连接建立成功，并分别返回资源标识号，与 www.×××××.com 服务器的连接失败。在取得资源标识号之后就可以通过引用"$connectl""$connect2"连接不同的数据库。

注意，结束对数据库的操作后，mysqli_connect()函数会自动断开数据库连接。也可以显式地使用 mysqli_close()函数提前关闭数据库连接。

6.2.2 使用 mysqli_close()函数关闭连接

完成数据库操作之后，应当关闭数据库连接。但关闭并不是必须完成的，因为 PHP 具有垃圾回收功能，会自动对不使用的连接进行处理。PHP 也提供了显式关闭数据库连接的函数 mysqli_close()，该函数的语法格式如下。

```
boolean mysqli_close([resource link_id])
```

其中，参数"link_id"表示需要关闭数据库连接的资源标识号，为可选参数。如果没有指定"link_id"，则默认是最近打开的连接。mysqli_close()函数如果成功关闭数据库连接，该函数将返回 true，否则将返回 false。

【实例 6-4】 连接数据库，访问结束后关闭数据库连接

```
<meta charset="UTF-8">
<?php
$db = @mysqli_connect("localhost","root","root") or die("连接失败,无法连接到本地 MySQL
服务器! ");
echo("已连接到 MySQL 服务器<br />");
```

```
mysqli_query($db,"set names utf8");
mysqli_select_db($db,"test");
$result = mysqli_query($db,"select * from student",);
if(!$result){
    die("访问错误:".mysqli_error($link));
}
echo("<table border=1>");
echo("<tr><th>学号</th><th>姓名</th><th>电话</th><th>所在班级</th></tr>\n");
printf("<tr> <td>%s</td> <td>%s</td><td>%s</td><td>%s</td></tr>", $myrow[0], $myrow[1],
$myrow[2], $myrow[3]);
echo "</table>";
mysqli_close($db);
echo ("<br>已关闭到 MySQL 服务器的连接<br /><br />");
@mysqli_select_db($db,"news") or die("无法再对数据库进行操作,指定的连接已关闭");
    ?>
```

运行结果如图 6-3 所示。

图 6-3 【实例 6-4】的运行结果

6.3 选择数据库

在成功连接到 MySQL 服务器后,由于数据库服务器很可能包含多个数据库,所以需要进一步选择需要使用的数据库。在 PHP 中选择数据库使用 mysqli_select_db()函数,该函数的语法格式如下。

```
boolean mysqli_select_db(resource [link_id],string db_name)
```

其中,参数 "db_name" 指定要使用的数据库名称;"link_id" 表示资源标识号,通常是 mysqli_connect()函数的返回值,如果函数中没有指定资源标识号,则会试图使用上一次连接的资源标识号。mysqli_select_db()函数会与数据库服务器上的一个具体的数据库连接,连接正确则返回 true,连接失败则返回 false。

【实例 6-5】 使用 mysqli_select_db()函数选择连接的数据库,并判断选择是否成功

```
<meta charset="UTF-8">
<?php
```

```php
$db = @mysqli_connect("localhost","root","root") or die("连接失败,无法连接到本地 MySQL
服务器！");
echo("已连接到 MySQL 服务器<br />");
//选择数据库 "news"
if (mysqli_select_db($db,"news"))
    echo("已选择 "news" 数据库<br>");
else
    echo("数据库选择失败: ".mysqli_error($db));
?>
```

6.4 查询数据库

查询 MySQL 首先需要创建一条 SQL 查询语句，然后将该语句传递给执行查询操作的函数即可。在 PHP 中，执行查询操作的函数有 mysqli_query() 函数和 mysqli_multi_query() 函数，其中，mysqli_query() 函数直接执行一条 SQL 语句，mysqli_multi_query() 函数可以在指定的数据库上执行多条 SQL 语句。

mysqli_query() 函数可以向服务器中指定的数据库发送一条 SQL 语句，并缓存查询的结果。该函数的语法格式如下。

```
resource mysqli_query(link_id,query,resultmode)
```

其中，参数 "link_id" 表示数据库的资源标识号，通常是 mysqli_connect() 函数的返回值；参数 "query" 是需要执行的查询字符串（SQL 语句）。

如果向 mysqli_query() 函数传递的是 SELECT、SHOW、EXPLAIN、DESCRIBE 等查询语句，执行成功时则返回一个资源标识号（指向一个结果集），失败时则返回 false。对于其他的查询语句，成功时返回 true，失败时返回 false。

【实例 6-6】 mysqli_query()函数的应用

```php
<?php
$db = @mysqli_connect("localhost","root","root") or die("连接失败,无法连接到本地 MySQL
服务器!");
echo("已连接到 MySQL 服务器<br />");
mysqli_query($db,"set names utf8");
mysqli_select_db($db,"test");
$sql="insert into student(student_no,student_name,student_contact,class_no) values(
'2023007','王×','1363758××××',7)";
//执行插入操作
$query =mysqli_query($db,$sql);
if ($query)
    echo ("插入信息成功!<br>");
else
    echo ("插入信息失败!".mysqli_error($db));
//执行查询操作
$result=mysqli_query($db,"select * from student") or die("<br>查询表 student 失败!");
?>
```

运行结果如图 6-4 所示。

图 6-4　mysqli_query()函数的应用

6.5　获取和显示信息

6.5.1　使用 mysqli_fetch_row()函数

mysqli_fetch_row()函数以数组的形式返回查询结果集中的当前记录行，并在调用后将查询结果集中的当前行指针下移一行。该函数的语法格式如下。

```
array mysqli_fetch_row (resource result_set )
```

其中，参数"result_set"是由函数 mysqli_query()返回的资源标识号（标识一个查询结果集）。函数会从"result_set"中获取当前的数据行，并且将其以数字索引数组的形式返回。数组的下标从 0 开始，数组中第 i 个元素的下标为 $i-1$。

【实例 6-7】　利用 while 循环，配合使用 mysqli_fetch_row()函数，逐条取出并显示数据表中的记录

```
    <?php
$db = @mysqli_connect("localhost","root","root") or die("连接失败,无法连接到本地 MySQL
服务器!");
echo("已连接到 MySQL 服务器<br />");
mysqli_query($db,"set names utf8");
mysqli_select_db($db,"test");
$query=mysqli_query($db,"select * from student") or die("<br>查询数据表"student"
失败!");
//循环获取数据
while ($array=mysqli_fetch_row($query))
{
echo "学号:    $array[1] <br>";
echo "姓名: $array[2] <br>";
echo "电话: $array[3] <br>";
echo "班级: $array[4] <br>";
echo "<br>";
}
    ?>
```

运行结果如图 6-5 所示。

配合使用 list()函数，每次在 while 循环中得到的记录行可以按字段被赋值给各个变量，那么可将上述代码修改为【实例 6-8】的形式。

图 6-5 获取数据表信息

【实例 6-8】 利用 while 循环配合 list()函数修改【实例 6-7】的代码

```php
<?php
//连接服务器
$db = @mysqli_connect("localhost","root","root") or die("连接失败,无法连接到本地 MySQL
服务器!");
echo("已连接到 MySQL 服务器<br />");
mysqli_query($db,"set names utf8");
mysqli_select_db($db,"test");
$query=mysqli_query($db,"select * from student") or die("<br>查询数据表"student"失败!");
//循环获取数据
while (list($id,$stu_no,$name,$mobile,$class_no)=mysqli_fetch_row($query))
{
    echo "学号:$stu_no <br>";
    echo "姓名:$name <br>";
    echo "手机:$mobile <br>";
    echo "班级:$class_no <br>";
    echo "<br>";
}
?>
```

6.5.2 使用 mysqli_fetch_array()函数

mysqli_fetch_array()函数与 mysqli_fetch_row()函数类似,也会以数组的形式返回查询结果集中的当前记录行,并在调用后将查询结果集中的当前行下移一行。该函数的语法格式如下。

```php
array mysqli_fetch_array(resource result_set [, int result_type])
```

其中,参数"result_set"是由 mysql_query()函数返回的资源标识(标识一个查询结果集)。函数会从"result_set"中获取当前的数据行,并且以数字索引数组、关联数组或同时具有数字和关联关系的双重索引数组的形式返回。在默认情况下,返回的数组既可以使用数字索引,也可以使用关联索引。

【实例 6-9】 mysqli_fetch_array()函数的使用

```php
while ($array=mysqli_fetch_array($query))
{
```

```
echo "学号: $array[student_no]<br>";
echo "姓名: $array[student_name]<br>";
echo "电话: $array[student_contact] <br>";
echo "班级: $array[class_no]<br>";
echo "<br>";
}
?>
```

注意，mysqli_fetch_row()函数的返回结果，数组只能使用数字下标进行访问，而 mysqli_fetch_array()函数的返回结果，数组不仅可以使用数字下标访问，还可以使用字段名进行访问。

6.5.3　使用 mysqli_num_rows()函数

当从数据表中查询数据时，mysqli_num_rows()函数返回符合查询条件的记录行数，如果没有符合条件的记录，则返回 0。mysqli_num_rows()函数的语法格式如下。

```
int mysqli_num_rows(resource result_set)
```

其中，参数"result_set"是由 mysqli_query()函数返回的资源标识号（标识一个查询结果集）。该函数仅对 SELECT 语句有效，要取得被 INSERT、UPDATE 或者 DELETE 语句影响的行数目，则需要使用 mysqli_affected_rows()函数。

【实例 6-10】　使用 mysqli_num_rows()函数统计数据表中的记录行数

```
<?php
$db = @mysqli_connect("localhost","root","root") or die("连接失败,无法连接到本地 MySQL 服务器!");
echo("已连接到 MySQL 服务器<br />");
mysqli_query($db,"set names utf8");
mysqli_select_db($db,"test");
$query=mysqli_query($db,"select * from student") or die("<br>查询数据表"student"失败!");
$rows=mysqli_num_rows($query);
    echo "记录行数为".$rows;
    ?>
```

运行结果如图 6-6 所示。

图 6-6　获取表中的记录行数

6.6　数据的增加、删除、修改

通过向 mysqli_query()函数传递不同的 SQL 语句，可以轻松完成数据的增加（insert）、删除（delete）、修改（update）及相关其他操作。同时，PHP 还提供了 mysqli_affected_rows() 函数，可以统计受数据的增加、删除、修改操作影响的记录行数。

6.6.1 使用 insert 语句增加新数据

要插入一个新数据，与检索一样，首先需要连接到 MySQL 服务器，然后选择一个数据库，最后执行 SQL 语句。二者不同的是在执行插入操作时需要执行的 SQL 语句为 INSERT 语句。

【实例 6-11】 对指定的数据表插入新数据

```php
    <?php
$db = @mysqli_connect("localhost","root","root") or die("连接失败,无法连接到本地 MySQL
服务器!");
echo("已连接到 MySQL 服务器<br />");
mysqli_query($db,"set names utf8");
mysqli_select_db($db,"test");
$sql="insert into student(student_no,student_name,student_contact,class_no) values(
'2023009','肖肖','13012345678',3)";
//执行插入操作
$query =mysqli_query($db,$sql);
if ($query)
    echo ("插入信息成功!<br>");
else
    echo ("插入信息失败!".mysqli_error($db));
//执行查询操作
$result=mysqli_query($db,"select * from student") or die("<br>查询数据表"student"失败!");
?>
```

运行结果如图 6-7 所示。

图 6-7 【实例 6-11】的运行结果

6.6.2 使用 delete 语句删除数据

删除数据的过程与插入数据相同，也需要 3 个步骤：连接 MySQL 服务器；选择一个数据库，并且执行 SQL 语句；通过执行 delete 语句完成数据删除。

【实例 6-12】 删除数据表中姓名为"张三"的执行记录

```php
    <?php
$db = @mysqli_connect("localhost","root","root") or die("!!!连接失败,无法连接到本地 MySQL
服务器!");
echo("已连接到 MySQL 服务器<br />");
mysqli_query($db,"set names utf8");
```

```
mysqli_select_db($db,"test");
$query=mysqli_query($db,"select * from student") or die("<br>查询数据表 "student" 失败!");
//循环获取数据
echo "<table border=1>";
echo "<tr><th>学号</th><th>姓名</th><th>电话</th><th>所在班级</th></tr>\n";
while ($myrow=mysqli_fetch_row($query)) {
printf("<tr><td>%s</td> <td>%s</td><td>%s</td><td>%s</td></tr>", $myrow[1], $myrow[2],
$myrow[3], $myrow[4]);
}
echo "</table>";
$sql="delete from student where student_name='张三'";
$query=mysqli_query($db,$sql) or die("删除失败");
$query=mysqli_query($db,"select * from student") or die("<br>查询数据表 "student" 失
败!");
//循环获取数据
echo "<table border=1>";
echo "<tr><th>学号</th><th>姓名</th><th>电话</th><th>所在班级</th></tr>\n";
while ($myrow=mysqli_fetch_row($query)) {
printf("<tr> <td>%s</td> <td>%s</td><td>%s</td><td>%s</td></tr>", $myrow[1], $myrow[2],
$myrow[3], $myrow[4]);
}
echo "</table>";
    ?>
```

运行结果如图 6-8 所示。

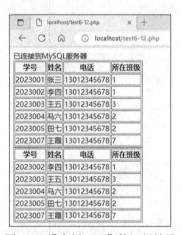

图 6-8 【实例 6-12】的运行结果

6.6.3 使用 update 语句修改数据

修改数据的过程与插入数据、删除数据相同，首先需要连接 MySQL 服务器，然后选择一个数据库，最后执行 SQL 语句，通过执行 update 语句完成数据修改。

【实例 6-13】 将数据表中姓名为"马六"的记录更新为姓名为"马小六"

```
    <?php
$db = @mysqli_connect("localhost","root","root") or die("连接失败,无法连接到本地 MySQL
```

```
服务器!");
echo("已连接到 MySQL 服务器<br />");
mysqli_query($db,"set names utf8");
mysqli_select_db($db,"test");
$query=mysqli_query($db,"select * from student") or die("<br>查询数据表"student"失败!");
echo "<table border=1>";
echo "<tr><th>学号</th><th>姓名</th><th>电话</th><th>所在班级</th></tr>\n";
while ($myrow=mysqli_fetch_row($query)) {
printf("<tr><td>%s</td> <td>%s</td><td>%s</td><td>%s</td></tr>", $myrow[1], $myrow[2],
 $myrow[3], $myrow[4]);
}
echo "</table>";
$sql="update student set student_name='马小六' where student_name='马六'";
$query=mysqli_query($db,$sql) or die("更新失败");
$query=mysqli_query($db,"select * from student") or die("<br>查询数据表"student"失败!");
echo "<table border=1>";
echo "<tr><th>学号</th><th>姓名</th><th>电话</th><th>所在班级</th></tr>\n";
while ($myrow=mysqli_fetch_row($query)) {
printf("<tr><td>%s</td> <td>%s</td><td>%s</td><td>%s</td></tr>", $myrow[1], $myrow
[2], $myrow[3], $myrow[4]);
}
echo "</table>";
?>
```

运行结果如图 6-9 所示。

图 6-9   【实例 6-13】的运行结果

6.7 数据库的创建和删除

建立和删除数据库的操作，可以通过在 mysqli_query()函数中执行相应的 SQL 语句来完成。

6.7.1　使用 create database 语句创建数据库

在 MySQL 服务器中创建一个名为"grade"的数据库（重复创建将产生错误提示），具体代码如下。

【实例 6-14】　创建指定的数据库

```php
    <?php
$db = @mysqli_connect("localhost","root","root") or die("连接失败,无法连接到本地 MySQL
服务器!");
echo("已连接到 MySQL 服务器<br />");
$result=@mysqli_query($db,'create database grade')or die("创建数据库失败，指定的资源标识
号不正确或数据库已存在! <br />".mysqli_error($db)."<hr />");
if ($result==true)
    echo "创建数据库成功! <hr />";
    $result=@mysqli_query($db,'create database grade')or die("创建数据库失败，指定的资源
标识号不正确或数据库已存在! <br />".mysqli_error($db)."<hr />");
if ($result==true)
        echo "创建数据库成功! <hr>" ;
    ?>
```

运行结果如图 6-10 所示（加框的内容是 mysqli_error() 的返回值）。

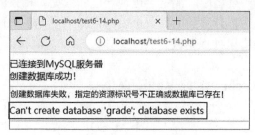

图 6-10　创建指定的数据库

6.7.2　使用 drop database 语句删除数据库

删除数据库可以通过向 mysqli_query() 函数传递 drop database 语句来实现。

【实例 6-15】　删除指定的数据库

在 MySQL 服务器中删除一个名为"grade"的数据库（重复删除将产生错误提示），具体代码如下。

```php
<?php
$db = @mysqli_connect("localhost","root","root") or die("连接失败,无法连接到本地 MySQL
服务器!");
echo("已连接到 MySQL 服务器<br />");
$result=@mysqli_query($db,'drop database grade')or die("删除数据库失败，指定的资源标识号
不正确或数据库不存在! <br />".mysqli_error($db)."<hr />");
if ($result==true)
    echo "删除数据库成功! <hr />";
$result=@mysqli_query($db,'drop database grade')or die("删除数据库失败，指定的资源标识号
```

```
不正确或数据库不存在！<br>".mysqli_error($db)."<hr />");
if ($result==true)
        echo "删除数据库成功！<hr />";;
    ?>
```

运行结果如图 6-11 所示（加框的内容是 mysqli_error()的返回值）。

图 6-11　删除指定的数据库

6.8　获取错误信息

在针对数据库的操作过程中，经常会出现一些和数据库相关的错误信息，如无法连接 MySQL 服务器、无法打开数据库、数据表不存在、主键不唯一等。对于这些错误信息，PHP 提供了专门的错误处理函数。

6.8.1　使用 mysqli_error()函数返回错误信息

mysqli_error()函数可以获取执行上一个 MySQL 函数时产生的错误信息。该函数的语法格式如下。

```
string mysqli_error ([resource link_id] )
```

mysqli_error()函数会根据上一个 MySQL 函数的执行情况返回相关信息，如果上一个 MySQL 函数执行时出错，则返回其产生的错误文本，如果没有出错则返回空字符串。如果没有指定资源标识号"link_id"，则该函数使用最近一个成功打开的连接，从 MySQL 服务器中获取错误信息。

【实例 6-16】　在指定 SQL 语句的同时指定一个不存在的数据表名，在执行时将返回错误信息

```
    <?php
$db = @mysqli_connect("localhost","root","root") or die("连接失败,无法连接到本地 MySQL
服务器!");
echo("已连接到 MySQL 服务器<br />");
mysqli_query($db,"set names utf8");
mysqli_select_db($db,"test");
echo("已选择数据库"test"<br />");
//查询不存在的数据表"noexisttable"
$query=mysqli_query($db,"select * from noexisttable") ;
if(!$result)
```

```
{
    echo "程序出错!所指定的 SQL 语句或资源标识号有误<br />";
    echo mysqli_error($db);
}
else
    echo "SQL 语句已执行<br />";
    ?>
```

运行结果如图 6-12 所示（加框的内容是 mysqli_error()的返回值）。

图 6-12　【实例 6-16】的运行结果

注意，返回错误信息所使用的语言取决于 MySQL 服务器的设置，MySQL 提供了 20 多种语言的错误信息。

6.8.2　使用 mysqli_errno()函数返回错误号

mysqli_errno()函数可以获取上一个 MySQL 函数执行时产生的错误号。该函数的语法格式如下。

```
integer mysqli_errno([resource link_id])
```

mysqli_errno()函数会根据上一个 MySQL 函数的执行情况返回相关信息，即如果上一个 MySQL 函数执行时出错，则返回其产生的错误代码，如果没有出错则返回 0。可选参数"link_id"表示指定的资源标识号，如果忽略，则使用最近一个成功打开的链接。

【实例 6-17】　在指定输出错误信息的同时使用 mysqli_errno()函数输出错误代码

```
<?php
$db = @mysqli_connect("localhost","root","root") or die("连接失败,无法连接到本地 MySQL 服务器!");
echo("已连接到 MySQL 服务器<br />");
mysqli_query($db,"set names utf8");
mysqli_select_db($db,"test");
echo("已选择数据库"test"<br />");
//查询不存在的数据表"noexisttable"
$query=mysqli_query($db,"select * from noexisttable") ;
if(!$result)
{
    echo "程序出错! 错误代码: ".mysqli_errno($db)."<br />";
    echo mysqli_error($db);
}
else
    echo "SQL 语句已执行<br />";
?>
```

运行结果如图 6-13 所示（加框的内容是 mysqli_errno()的返回值）。

图 6-13　【实例 6-17】的运行结果

注意，mysqli_errno()函数及 mysqli_error()函数仅返回最近一次 MySQL 函数（不包括 mysqli_errno()函数与 mysqli_error()函数自身）执行时产生的错误信息，因此如果要使用此函数输出错误信息，应确保在调用下一个 MySQL 函数之前使用它。

练 习 题

简答题

1．简述在 PHP 中连接 MySQL 服务器的方法。

2．在 PHP 中怎样选择 MySQL 数据库？

3．在 Windows 操作系统中，启动或停止 MySQL 服务器有哪些方法？

4．如何列出当前 MySQL 服务器上的所有数据库，如何从服务器中删除一个数据库？

5．如何从多个数据表中检索数据？

6．如何对数据表中的记录进行更新，如何从数据表中删除记录？

7．请详细阐述 msyqli_query()函数的功能和具体用法。

8．请分别叙述 msyqli_fetch_array()函数和 mysqli_fetch_row()函数的含义及具体用法。

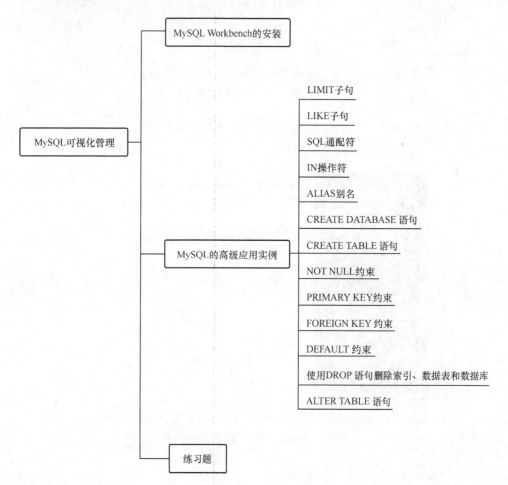

第 7 章

MySQL 可视化管理

常用的 MySQL 管理工具是 MySQL Workbench。MySQL Workbench 是一款小巧的管理 MySQL 的应用程序，主要特性包括具有多文档界面，语法突出，可增加、删除域和记录，可显示成员，可执行 SQL 脚本。本章主要介绍 MySQL Workbench 的安装以及 MySQL 的高级应用实例。

◆ 学习目标
① 掌握 MySQL Workbench 的安装。
② 了解 MySQL 的高级应用。

◆ 知识结构

7.1 MySQL Workbench 的安装

MySQL Workbench 的安装步骤如下。

① 下载 MySQL Workbench 的界面如图 7-1 所示。

图 7-1　下载 MySQL Workbench

② 双击下载好的安装软件，出现安装界面，如图 7-2 所示。

图 7-2　MySQL Workbench 安装向导

③ 选择安装目录，如图 7-3 所示。

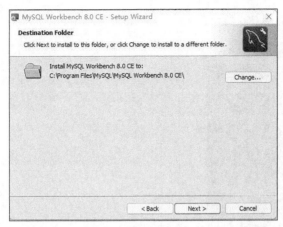

图 7-3　选择安装目录

④ 选择安装模式，如图 7-4 所示。

图 7-4　选择安装模式

⑤ 选择自定义（Custom）安装，可以选择安装内容以及是否创建程序快捷方式及安装路径，如图 7-5 所示。

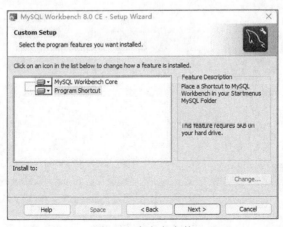

图 7-5　自定义安装

⑥ 安装完成，如图 7-6 所示。

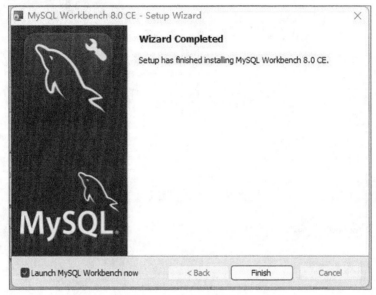

图 7-6　安装完成界面

⑦ 在 MySQL Workbench 的配置界面，添加数据库连接，填写信息。Hostname 为服务 IP 地址，127.0.0.1 为本地 IP 地址；端口号默认为 3306；选择存储密码，密码为安装 MySQL 时的 root 用户密码；单击 "OK" 按钮保存，如图 7-7 所示。

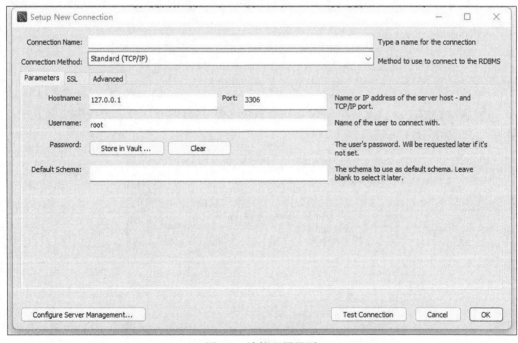

图 7-7　连接配置界面

⑧ 选择在上一步中添加的信息，打开登录信息，出现图 7-8 所示界面。

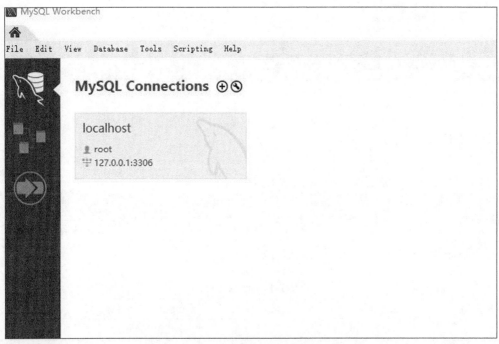

图 7-8　打开登录信息界面

⑨ 成功登录 MySQL Workbench，如图 7-9 所示。

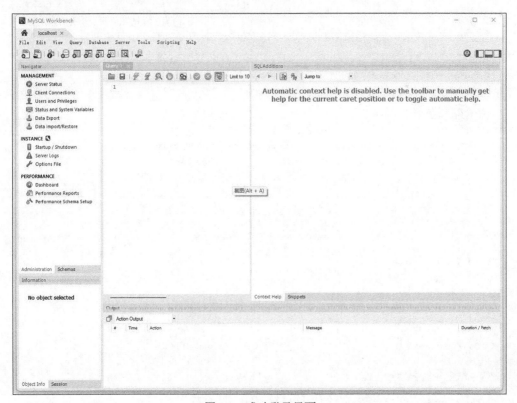

图 7-9　成功登录界面

7.2 MySQL 的高级应用实例

7.2.1 LIMIT 子句

LIMIT 子句用于规定要返回的记录的数目，其语法如下。

```
SELECT column_name(s)
FROM table_name
LIMIT number
```

下面采用表 7-1 所示的数据表来进行操作。

表 7-1   student 表

id	student_no	student_name	student_contact	class_no
8	2023009	肖肖	13012345678	3
2	2023002	李四	13012345678	1
3	2023003	王五	13012345678	3
4	2023004	马小六	13012345678	2
5	2023005	田七	13012345678	2
7	2023007	王霞	13612345678	7

【实例 7-1】　从 student 表中选取前两条记录

```
SELECT * FROM student LIMIT 2
```

结果如图 7-10 所示。

id	student_no	student_name	student_contact	class_no
8	2023009	肖肖	13012345678	3
2	2023002	李四	13012345678	1

图 7-10　选取 student 表中前两条记录

7.2.2 LIKE 子句

LIKE 子句用于在 WHERE 子句中搜索列中的指定模式。

LIKE 子句语法如下。

```
SELECT column_name(s)
FROM table_name
WHERE column_name LIKE pattern
```

【实例 7-2】　从 student 表中选取姓"王"的学生

```
SELECT * FROM student
```

```
WHERE student_name LIKE '王%'
```

运行结果如图 7-11 所示。

id	student_no	student_name	student_contact	class_no
3	2023003	王五	13012345678	3
7	2023007	王霞	13012345678	7

图 7-11 选取姓"王"的学生

【实例 7-3】 从 student 表中选取姓名以"四"结尾的学生

```
SELECT * FROM student
WHERE student_name LIKE '%四';
```

运行结果如图 7-12 所示。

id	student_no	student_name	student_contact	class_no
2	2023002	李四	13012345678	1

图 7-12 选取姓名以"四"结尾的学生

【实例 7-4】 从 student 表中选取姓名包含"小"的学生

```
SELECT * FROM student
WHERE student_name LIKE '%小%';
```

运行结果如图 7-13 所示。

id	student_no	student_name	student_contact	class_no
4	2023004	马小六	13012345678	2

图 7-13 选取姓名包含"小"的学生

7.2.3 SQL 通配符

在搜索数据库中的数据时，用户可以使用 SQL 通配符。SQL 通配符可以替代一个或多个字符。SQL 通配符见表 7-2，其必须与 LIKE 子句一起使用。

表 7-2 SQL 通配符

SQL 通配符	描述
%	替代一个或多个字符
-	仅替代一个字符
[charlist]	字符列中的任意单一字符
[^charlist] 或者 [charlist]	不在字符列中的任意单一字符

【实例 7-5】 从 student 表中选取第一个字符之后是"023003"的学生

```
SELECT * FROM student
WHERE student_no LIKE '_023003';
```

运行结果如图 7-14 所示。

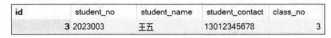

id	student_no	student_name	student_contact	class_no
3	2023003	王五	13012345678	3

图 7-14　SQL 通配符的使用

7.2.4　IN 操作符

IN 操作符允许用户在 WHERE 子句中规定多个值。

IN 操作符的语法如下。

```
SELECT column_name(s)
FROM table_name
WHERE column_name IN (value1,value2,…)
```

【实例 7-6】　从 student1 表中选取姓名为"李四""王五"的学生

```
SELECT * FROM student1
WHERE student_name IN ('李四','王五')
```

运行结果如图 7-15 所示。

id	student_no	student_name	student_contact	class_no
2	2023002	李四	13012345678	1
3	2023003	王五	13012345678	3

图 7-15　IN 操作符的使用

7.2.5　ALIAS 别名

使用 SQL，可以为列名称和表名称指定别名（ALIAS）。

表的 SQL ALIAS 语法如下。

```
SELECT column_name(s)
FROM table_name
AS alias_name
```

列的 SQL ALIAS 语法如下。

```
SELECT column_name AS alias_name
FROM table_name
```

假设有两个表 student1 和 course，分别为它们指定别名"S"和"C"。

【实例 7-7】　从 student1 表和 course 表中列出李四的选课记录

```
SELECT S.student_no, S.student_name, C.Cname
FROM student1 AS S, course AS C,sc
WHERE S.student_name='李四' and S.student_no=sc.Sno and sc.Cno=C.Cno;
```

运行结果如图 7-16 所示。

student_no	student_name	Cname
2023002	李四	数据结构
2023002	李四	C程序设计

图 7-16　表的别名

【实例 7-8】　列的别名

```
SELECT student_name AS 姓名,student_contact AS 电话 FROM student1;
```

运行结果如图 7-17 所示。

姓名	电话
肖肖	13012345678
李四	13012345678
王五	13012345678
马小六	13012345678
田七	13012345678
王霞	13012345678

图 7-17　列的别名

7.2.6　CREATE DATABASE 语句

CREATE DATABASE 用于创建数据库，其语法如下。

```
CREATE DATABASE database_name
```

【实例 7-9】　创建数据库 "my_db"

```
CREATE DATABASE my_db;
```

7.2.7　CREATE TABLE 语句

CREATE TABLE 用于创建数据库中的表，其语法如下。

```
CREATE TABLE 表名称
(
列名称1 数据类型,
列名称2 数据类型,
列名称3 数据类型,
....
)
```

数据类型规定了列可容纳的数据类型。SQL 中常用的数据类型见表 7-3。

表 7-3　SQL 中常用的数据类型

数据类型	描述
integer(size) int(size) smallint(size) tinyint(size)	仅容纳整数，括号内为数字的最大位数
decimal(size,d) numeric(size,d)	容纳带有小数的数字，"size" 为数字的最大位数，"d" 为小数点右侧的最大位数
char(size)	容纳固定长度的字符串（可容纳字母、数字及特殊字符），括号内为字符串的长度
varchar(size)	容纳可变长度的字符串（可容纳字母、数字及特殊字符），括号内为字符串的最大长度
date(yyyymmdd)	容纳日期

【实例 7-10】 创建 "Pxinxi" 表，该表包括 5 列，分别是 "Id_P" "LastName" "FirstName" "Address" "City"

```
CREATE TABLE Pxinxi
(
Id_P int,
LastName varchar(255),
FirstName varchar(255),
Address varchar(255),
City varchar(255)
)
```

运行结果为 "Pxinxi" 表结构，如图 7-18 所示。

Id_P	LastName	FirstName	Address	City
<NULL>	<NULL>	<NULL>	<NULL>	<NULL>

图 7-18 "Pxinxi" 表结构

7.2.8 NOT NULL 约束

NOT NULL 约束强制列不接受 NULL 值。NOT NULL 约束强制字段始终包含值。这意味着，如果不向字段添加值，就无法插入新记录或者更新记录。

【实例 7-11】 强制列 "Id_P" "LastName" 不接受 NULL 值

```
CREATE TABLE Pxinxi
(
Id_P int NOT NULL,
LastName varchar(255) NOT NULL,
FirstName varchar(255),
Address varchar(255),
City varchar(255)
)
```

7.2.9 PRIMARY KEY 约束

PRIMARY KEY 约束唯一标识数据库表中的每条记录。

主键必须包含唯一的值。主键列不能包含 NULL 值。每个表都应该有一个主键，并且每个表只能有一个主键。

【实例 7-12】 在 "Pxinxi" 表中将 "Id_P" 列创建为 PRIMARY KEY 约束

```
CREATE TABLE Pxinxi
(
Id_P int NOT NULL,
LastName varchar(255) NOT NULL,
FirstName varchar(255),
Address varchar(255),
City varchar(255),
PRIMARY KEY (Id_P))
```

【实例 7-13】　在表已存在的情况下，将"Id_P"列创建为 PRIMARY KEY 约束

```
ALTER TABLE Pxinxi
ADD PRIMARY KEY (Id_P)
```

【实例 7-14】　撤销 PRIMARY KEY 约束

```
ALTER TABLE Pxinxi
DROP PRIMARY KEY
```

7.2.10　FOREIGN KEY 约束

将一个表中的 FOREIGN KEY 指向另一个表中的 PRIMARY KEY，可利用表 7-4 和表 7-5 进行讲解。

表 7-4　Pxinxi 表

Id_P	LastName	FirstName	Address	City
1	Adams	John	Oxford Street	London
2	Bush	George	Fifth Avenue	New York
3	Carter	Thomas	Chang'an Street	Beijing

表 7-5　Orders 表

Id_O	OrderNo	Id_P
1	77895	3
2	44678	3
3	22456	1
4	24562	1

请注意，Orders 表中的"Id_P"列指向 Pxinxi 表中的"Id_P"列。

Pxinxi 表中的"Id_P"列是"Pxinxi"表中的 PRIMARY KEY 约束。

Orders 表中的"Id_P"列是"Orders"表中的 FOREIGN KEY 约束。

FOREIGN KEY 约束用于预防破坏表之间的连接动作。

FOREIGN KEY 约束也能防止非法数据插入外键列，因为它必须是它指向的表中的值之一。

【实例 7-15】　在创建 Orders 表时，为"Id_P"列创建 FOREIGN KEY 约束

```
CREATE TABLE Orders
(
Id_O int NOT NULL,
OrderNo int NOT NULL,
Id_P int,
PRIMARY KEY (Id_O),
FOREIGN KEY (Id_P) REFERENCES Pxinxi(Id_P)
)
```

7.2.11　DEFAULT 约束

DEFAULT 约束用于向列中插入默认值。如果没有规定其他值，那么默认值将被添

加到新记录中。

```
SQL DEFAULT Constraint on CREATE TABLE
```

【实例 7-16】 在创建 Pxinxi 表时，为"City"列创建 DEFAULT 约束

```
CREATE TABLE Pxinxi
(
Id_P int NOT NULL,
LastName varchar(255) NOT NULL,
FirstName varchar(255),
Address varchar(255),
City varchar(255) DEFAULT 'Sandnes'
)
```

7.2.12　使用 DROP 语句删除索引、数据表和数据库

1. DROP INDEX 语句

可以使用 DROP INDEX 语句删除表格中的索引，其语法如下。

```
ALTER TABLE table_name DROP INDEX index_name
```

2. DROP TABLE 语句

DROP TABLE 语句用于删除数据表（数据表的结构、属性及索引也会被删除），其语法如下。

```
DROP TABLE table-name
```

3. DROP DATABASE 语句

DROP DATABASE 语句用于删除数据库，其语法如下。

```
DROP DATABASE database-name
```

4. TRUNCATE TABLE 语句

如果仅需要删除数据表内数据，并不删除数据表本身，可使用 TRUNCATE TABLE 语句（仅删除表中数据），其语法如下。

```
TRUNCATE TABLE table-name
```

7.2.13　ALTER TABLE 语句

ALTER TABLE 语句用于在已有的表中添加、修改或删除列。

如果需要在表中添加列，可以使用下列语法。

```
ALTER TABLE table_name
ADD column_name datatype
```

如果要删除表中的列，可以使用下列语法。

```
ALTER TABLE table_name
DROP COLUMN column_name
```

如果要改变表中列的数据类型，可以使用下列语法。

```
ALTER TABLE table_name
ALTER COLUMN column_name datatype
```

【实例 7-17】 在 student2 表中添加一个名为 "Birthday" 的新列

```
ALTER TABLE student2
ADD Birthday date
```

添加 "Birthday" 新列后的 student2 表，如图 7-19 所示。

Sno	Sname	Ssex	Sage	Sdept	Birthday
200215121	李勇	男	20	CS	<NULL>
200215122	刘晨	女	19	CS	<NULL>
200215123	王敏	女	18	MA	<NULL>
200215124	张立	男	19	IS	<NULL>
200215125	王智贤	男	21	IS	<NULL>

图 7-19　添加列

【实例 7-18】 改变 student2 表中 "Birthday" 列的数据类型

```
ALTER TABLE student2
MODIFY COLUMN Birthday varchar(20)
```

【实例 7-19】 删除 student2 表中的 "Birthday" 列

```
ALTER TABLE student2
DROP COLUMN Birthday
```

运行结果如图 7-20 所示。

Sno	Sname	Ssex	Sage	Sdept
200215121	李勇	男	20	CS
200215122	刘晨	女	19	CS
200215123	王敏	女	18	MA
200215124	张立	男	19	IS
200215125	王智贤	男	21	IS

图 7-20　删除列

练　习　题

一、填空题

1. 选取表中某几条记录，可以使用关键字_____。
2. 创建数据库 class，使用的 SQL 语句是_____database class。
3. 删除数据库 class，使用的 SQL 语句是_____database class。
4. 设某个字段为关键字，使用的 SQL 语句是_____。

二、简答题

1. 简述安装 MySQL Workbench 的步骤。
2. 查询 student 表中的前 5 条记录。
3. 从 student 表和 course 表中选出 "王五" 的选课记录。
4. 从 student 表中查询姓 "王" 的学生的记录。
5. 从 student 表中删除 "王五" 的记录。

第8章

正则表达式

正则表达式是一种描述文本所包含模式的方法。它定义了字符串的匹配模式,可以用来匹配、搜索和替换文本。正则表达式为 PHP 提供了功能强大、灵活且高效的文本处理方法,允许用户通过使用一系列特殊字符构建匹配模式,把匹配模式与数据文件、程序输入及客户端网页中的表单输入数据等目标对象进行比较,并根据比较对象中是否包含匹配模式来执行字符串的提取、编辑、替换、删除等操作。本章主要讲述正则表达式的概念、基本语法、特殊字符、常用的正则表达式、常用的模式匹配函数。

◆ 学习目标
① 掌握正则表达式的概念及基本语法。
② 学会运用正则表达式的特殊字符。
③ 掌握常用正则表达式的用法。
④ 掌握常见的模式匹配函数的用法。

◆ 知识结构

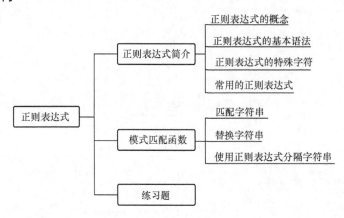

8.1 正则表达式简介

8.1.1 正则表达式的概念

正则表达式又称正规表达式,简言之,就是由若干个字符组成的字符串。它可以描述或者匹配一系列符合某个语法规则的字符串。在大多数文本编辑器中，正则表达式通常用于检索或替换符合某个模式的文本内容。正则表达式由一些普通字符和元字符组成。不同的元字符代表不同的含义，它们是实现模式的编码。

8.1.2　正则表达式的基本语法

正则表达式分为 3 个部分，分别是分隔符、表达式和修饰符。

分隔符可以是除特殊字符之外的任何字符（"/""#""~""!"等），常用的分隔符是"/"。表达式由一些特殊字符和非特殊的字符串组成，如"[a-z0-9_-]+@[a-z0-9_-.]+"，可以匹配一个简单的电子邮件字符串。修饰符用于开启或者关闭某种功能/模式。下列代码展示了一个完整的正则表达式实例。

```
/hello.+?hello/is
```

上述正则表达式中的"/"为分隔符，两个"/"之间为表达式，其中第二个"/"后的字符串"is"为修饰符。

表达式如果含有分隔符，那么需要使用转义符号"\"，如"/hello.+?\/hello/is"。转义符号除了用于分隔符外，还可以用于特殊字符，全部由字母构成的特殊字符都需要"\"来转义，如"\d"代表全体数字。

8.1.3　正则表达式的特殊字符

正则表达式中的特殊字符包括元字符、定位字符等。

（1）元字符

元字符是正则表达式中一类有特殊意义的字符，用于描述其前导字符（即元字符前的字符）在被匹配的对象中出现的方式。元字符本身是单一字符，但是不同或者相同的元字符组合后可以构成大元字符。常用的元字符如下。

- "{}"：用于精确指定匹配元字符出现的次数，如"/pre{1,5}/"表示匹配的对象可以类似于"pre""pree""preeeee"，即在"pr"后出现 1～5 个"e"的字符串，或者"/pre{,5}/"代表"pre"出现 0～5 次。
- "+"：用于匹配元字符前的字符出现一次或者多次。例如"/ac+/"表示被匹配的对象可以是"act""account""acccc"等在"a"后出现一个或者多个"c"的字符串。"+"相当于"{1,}"。
- "*"：用于匹配元字符前的字符出现 0 次或者多次。例如"/ac*/"表示被匹配的对象可以是"app""acp""accp"等在"a"后出现 0 个或者多个"c"的字符串。"*"相当于"{0,}"。
- "?"：用于匹配元字符前的字符出现 0 次或者 1 次。例如"/ac?/"表示匹配的对象可以是"a""acp""acwp"，即在"a"后面出现 0 个或者 1 个"c"的字符串。"?"在正则表达式中还有一个非常重要的作用，即"贪婪模式"。

（2）定位字符

定位字符是正则表达式中非常重要的字符，主要用于描述字符在匹配对象中的位置。常用的定位字符如下。

- "^"：表示匹配的模式出现在匹配对象的开头（和在"[]"中不同）。
- "$"：表示匹配的模式出现在匹配对象的末尾。
- 空格：表示匹配的模式出现在匹配对象的开始和结尾的两个边界之一。
- "/^he/"：可以匹配以"he"字符为开头的字符串，如 hello、height 等。
- "/he$/"：可以匹配以"he"字符为结尾的字符串，如 she 等。
- "/ he/"：空格开头，和"^"的作用一样，匹配以"he"为开头的字符串。
- "/he /"：空格结束，和"$"的作用一样，匹配以"he"为结尾的字符串。
- "/^he$/"：表示只和字符串"he"匹配。
- 括号：用于记录需要的信息，以被后面的表达式读取。如"/^([a-zA-Z0-9_-]+)@([a-zA-Z0-9_-]+)(.[a-zA-Z0-9_-])$/"，记录邮件地址的用户名和邮件地址的服务器地址（形式类似于 service@×××.com）。如果想要读取记录的字符串，只需要使用"转义符+记录次序"。比如"/1"相当于第 1 个记录"([a-zA-Z0-9_-]+)"，"/2"相当于第 2 个记录（[a-zA-Z0-9_-]+），"/3"相当于第 3 个记录（[a-zA-Z0-9_-]）。但是在 PHP 中，"/"是一个特殊字符，需要转义，所以在 PHP 的表达式中，应该写成"\\/1"。
- 其他特殊符号：或符号"|"的含义为某个字符或者另一个字符串，如"/abcd|dcba/"可能匹配"abcd"或者"dcba"。

重要的特殊字符还有"[]"。可以匹配在"[]"中出现过的字符，如"/[az]/"可以匹配单个字符"a"或者"z"；如果把上述表达式改成"/[a-z]/"，则可以匹配任意单个小写字母，如"a""b"等。

如果在"[]"中出现了"^"，代表本表达式不匹配"[]"内出现的字符，如"/[^a-z]/"不匹配任意小写字母。并且正则表达式给出了以下几种"[]"的默认值。

- [:alpha:]：匹配任意字母。
- [:alnum:]：匹配任意字母和数字。
- [:digit:]：匹配任意数字。
- [:space:]：匹配空格符。
- [:upper:]：匹配任意大写字母。
- [:lower:]：匹配任意小写字母。
- [:punct:]：匹配任意标点符号。

另外，下述特殊字符在转义符号"\\"转义后面代表的含义如下。

- "\s"：匹配单个空格符。
- "\S"：匹配除单个空格符之外的所有字符。
- "\d"：匹配 0～9 的数字，相当于"/[0-9]/"。
- "\w"：匹配字母、数字或下划线字符，相当于"/[a-zA-Z0-9_]/"。
- "\D"：匹配任何非十进制数的数字字符。
- "\\"：匹配除换行符之外的所有字符，如果经过修饰符"s"的修饰，则"."可以代表任意字符。

利用上述特殊字符可以很方便地表达一些比较烦琐的模式匹配，例如"\/d0000/"表示可以匹配 10000～100000 的整数字符串。

8.1.4　常用的正则表达式

在设计 Web 应用程序时，用户经常需要使用正则表达式，表 8-1 列出了其中比较常见的正则表达式，读者在今后设计网站时可以参考。

表 8-1　Apache 的配置参数说明

要匹配的内容	正则表达式
网址 URL	^http:\/\/)?([^\/]+)
日期格式	^\d{4}-\d{1,2}-\d{1,2}
IP 地址	\d+\.\d+\.\d+\.\d+
中文字符	[\u4e00-\u9fa5]
空行	\n\s*\r
HTML 标记	<(\S*?)[^>]*>.*?</\1>|<.*? />
首尾空格	^\s*|\s*$或(^\s*)|(\s*$)
电子邮件地址	^\w+((-\w+)|(\.\w+))*\@[A-Za-z0-9]+((\.|-)[A-Za-z0-9]+)*\.[A-Za-z0-9]+$
腾讯 QQ 号	[1-9][0-9]{4,}
邮政编码	[1-9]\d{5}(?!\d)
身份证号	^\d{15}|\d{18}$
手机号码	^(13[0-9]|14[5|7]|15[0|1|2|3|5|6|7|8|9]|18[0|1|2|3|5|6|7|8|9])\d{8}$

【实例 8-1】　验证邮箱格式

```php
<?php
header("content-type:text/html;charset=utf-8");
$email='qiongtaiqq.com'; // "qq" 前缺少 "@"
$pattern="/^\w+((-\w+)|(\.\w+))*\@[A-Za-z0-9]+((\.|-)[A-Za-z0-9]+)*\.[A-Za-z0-9]+$/i";
if(preg_match($pattern,$email)){
echo '邮箱验证通过！';
} else{
echo '邮箱格式错误！';
}
?>
```

运行结果如图 8-1 所示。

图 8-1　验证邮箱格式

8.2 模式匹配函数

前文介绍了由普通字符和元字符共同组成的匹配模式。但 PHP 中不能仅有模式，模式必须与函数相配合才能起作用，下面我们详细介绍常见的模式匹配函数。

8.2.1 匹配字符串

编写完正则表达式，可以使用模式匹配函数来处理指定字符串，字符串的匹配是正则表达式的主要应用之一。

在正则表达式中，使用 preg_match()函数进行字符串查找，其语法格式如下。

```
(int preg_match(string pattern,string subject[,array matches[,int flags]]);
```

上述代码功能描述：在 subject 字符串中搜索与 pattern 给出的正则表达式相匹配的内容，如果搜索到该内容则返回与 pattern 匹配的次数。由于该函数在第一次匹配成功之后便停止搜索，因此返回的值是 0 或 1。如果带有可选的参数 matches，则可以把匹配的部分存在一个数组中。可选参数 flags 表示数组 matches 的长度，如果为 0，则数组将包含与整个模式匹配的文本；如果为 1，则数组将包含与第一个捕获的括号中子模式匹配的文本。

【实例 8-2】 获取主机名和域名

```php
<?php
// 从 URL 中取得主机名
$str="http://www.xxx.yyy.zzz/index.html";
preg_match("/^(http:\/\/)?([^\/]+)/i", $str, $matches);
$host = $matches[2];
echo "主机名是".$host."<br>";
// 从主机名中取得后面两段 "yyy.zzz"

preg_match("/[^\.\/]+\.[^\.\/]+$/", $host, $matches);
echo "域名是{$matches[0]}\n";
?>
```

运行结果如图 8-2 所示。

图 8-2 获取主机名和域名

8.2.2　替换字符串

preg_replace()函数用于替换字符串，该函数执行正则表达式的搜索和替换，语法格式如下。

```
(mixed preg_replace(mixed pattern,mixed replacement,mixed subject[,int limit])
```

其中，replacement 可以包含形如 "\\n" 或 "$n" 的逆向引用，优先使用后者，$n 的取值为 1～99。逆向引用是通过 "\" 转义的数字，该数字指出当前表达式应该在此匹配它已经查找到的序列。此时，逆向引用的数字 *n* 指定在当前正则表达式中，从左往右、第 *n* 个 "()" 内的子模式应当替换它在字符串中所匹配的文本。替换模式在一个逆向引用后紧接着一个数字时，最好不要使用 "\\n" 来表示逆向引用。例如，preg_replace()函数无法区分 "\\11" 是 "\\1" 的逆向引用后面紧跟着一个数字 1，还是表示 "\\n" 的逆向引用。解决方法是使用 "\${1}1"，因为这会形成一个隔离的 "$1" 逆向引用，而另一个 "1" 只是单纯的字符。

【实例 8-3】　替换字符串

```php
<?php
header("content-type:text/html;charset=utf-8");
$str="<h1>爱我中国!</h1>";
$str1="(h1)爱我中国!(/h1)";
echo $str;
echo $str1;
echo "</br>";
echo preg_replace('/<(.*?)>/',"($1)",$str);
?>
```

运行结果如图 8-3 所示。

图 8-3　替换字符串

preg_replace()函数也可以将查找到的字符串替换为指定字符串，语法格式如下。

```
string preg_replace(string $pattern,string $replacement,string $string)
```

其中，参数$replacement 表示替换字符串时使用的字符,其功能是使用字符串$replacement 替换字符串$string 中与$pattern 匹配的部分，并返回替换后的字符串。如果没有可供替换的匹配项则返回原字符串。

【实例 8-4】　将字符串替换为超链接

```php
<?php
$stra="hello world";
echo preg_replace("/[lro]/","y",$stra)."<br>"; //使用 y 替换 l、r、o
```

```
$resrc='<a href="world.php">hello</a>';
echo preg_replace("/hello/",$resrc,$stra); //使用一个超链接替换 hello 字符
?>
```

运行结果如图 8-4 所示。

图 8-4　将字符串替换为超链接

8.2.3　使用正则表达式分隔字符串

在 PHP 程序中，用于对字符串进行分隔的正则表达式函数主要是 perl 兼容的正则表达式函数 preg_split()。

preg_split()函数的功能是使用正则表达式来分割指定的字符串，其语法格式如下。

```
array preg_split(string $pattern,string $subject[,int $limit[,int $flags]])
```

本函数区分大小写，返回一个数组，其中包含在$subject 中沿着与$pattern 匹配的边界所分割的字符串。如果指定了可选参数$limit，则最多返回$limit 个子串，如果省略或为−1，则没有限制。可选参数$flags 的值为以下 3 种。

- preg_split_no_empty：如果设置了本标记，则函数只返回非空的字符串。
- preg_split_delim_capture：如果设置了本标记，则定界符模式中的括号表达式的匹配项会被捕获并返回。
- preg_split_offset_capture：如果设置了本标记，则每个出现的匹配结果也会同时返回其附属的字符串偏移量。

【实例 8-5】　使用 preg_split()函数分割字符串

```
<?php
header("content-type:text/html;charset=utf-8");
$str="The Chinese dream,belongs to you and me.";
$pricewords=preg_split("/[\s,]+/",$str);//以空白符或逗号作为定界符
print_r($pricewords);
?>
```

运行效果如图 8-5 所示。

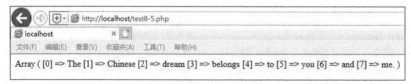

图 8-5　使用 preg_split()函数分割字符串

练　习　题

一、填空题

1．正则表达式定义了字符串的_____。

2．正则表达式分为_____、_____、_____3 个部分。

二、简答题

1．什么是正则表达式，它由哪两种类型的字符组成？

2．如果要验证中国居民身份证号码格式是否符合规定，应该怎样编写正则表达式来实现这个功能？

3．创建动态网页程序，实现对中国电话号码和 IP 地址有效性的验证。

## 第 9 章

面向对象编程

　　面向对象的概念是面向对象技术的核心。在现实世界中，我们面对的所有事物都是对象，如人、计算机、电视机、自行车等。在面向对象的程序设计中，对象是一个由信息及对信息进行处理的描述组成的整体，是对现实世界的抽象。对象包含两个含义，一个含义是数据，另一个含义是动作。本章主要讲述面向对象的概念、类和对象之间的关系、类的实例化和作用域、构造函数和析构函数及其继承，以及高级应用中的抽象类、接口、克隆对象等内容。

◆ **学习目标**

① 了解面向对象的概念。

② 掌握类的相关知识。

③ 学会运用构造函数、析构函数及其继承。

④ 掌握 final 关键字、抽象类、接口、克隆对象等内容，并能够运用它们解决问题。

◆ **知识结构**

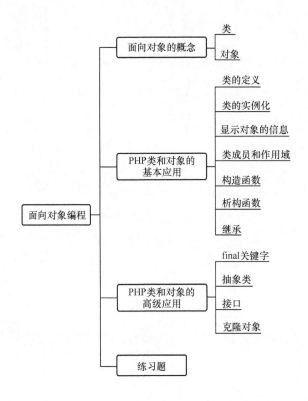

9.1　面向对象的概念

9.1.1　类

类描述了一组具有相同属性和相同行为的实物。

面向过程的编程语言与面向对象的编程语言之间的区别在于面向过程的编程语言不允许程序员自定义数据类型，只能使用程序中内置的数据类型；而面向对象的编程语言提供了类的概念，程序员可以根据需要自由地定义数据类型。例如，程序员自定义一个 Person 类，就是人类，可以通过属性（如两只眼睛、耳朵）和行为（如跑、跳、吃饭）把这个类描述清楚。

9.1.2　对象

对象是系统中描述客观事物的一个实体，它是构成系统的一个基本单位。数据与代码被捆绑在一个实体中，一个对象由一组属性和对这组属性所进行的一组行为组成。从抽象的角度来说，对象是问题域或实现域中某些事物的一个抽象，反映了该事物在系统中保存的信息和发挥的作用，即它是一组属性和有权对这些属性进行操作的一个封装体。客观世界是由对象和对象之间的联系组成的。

类和对象之间的关系如下。类是属性和方法的集合，就像一幅建筑工程的蓝图，不在类中定义一个对象具有的属性和方法。属性用于描述对象；而方法用于定义对象的行为，是指对象所能够进行的操作。类与对象之间的关系如模具和铸件之间的关系，类的实例化的结果即对象，而对对象的抽象即类，类描述了一组有相同特性（属性）和相同行为的对象。

9.2　PHP 类和对象的基本应用

9.2.1　类的定义

类的定义的语法格式如下。

```
class classname [可选属性]
{
public $property [=value];      //定义类的属性
function functionname(args){    //定义类的方法
    }
```

【实例 9-1】 定义一个简单的类

```
class test
{
var $number;
function add($number)
{
echo "hello world";
}
}
```

在声明一个类后，类只存在于文件中。程序不能直接调用类，而是需要在创建一个对象后才能调用。

9.2.2 类的实例化

类的实例化的语法格式如下。

```
$class=new classname();
```

【实例 9-2】 类的实例化

```
<?php

class teacher
{
var $name;
var $sex;
var $age;
function show(){
echo $this->name;
echo $this->sex;
echo $this->age;
}
}
$jiaohuihua=newteacher();              //实例化对象
$jiaohuihua->name="焦慧华";
$jiaohuihua->age=33;
$jiaohuihua->sex="男";
$jiaohuihua->show();
?>
```

运行结果如图 9-1 所示。

图 9-1 类的实例化

9.2.3　显示对象的信息

对象的详细信息可以利用 print_r() 函数来显示。在显示对象的信息时，信息将以数组的形式输出。

【实例 9-3】　显示对象的信息

```php
<?php
class yunsuan{
var $a;
var $b;
function add($a,$b){
$sum=$a+$b;
echo $sum;
}
}
$c=newyunsuan();
$c->a=10;
$c->b=20;
print_r($c);
?>
```

运行结果如图 9-2 所示。

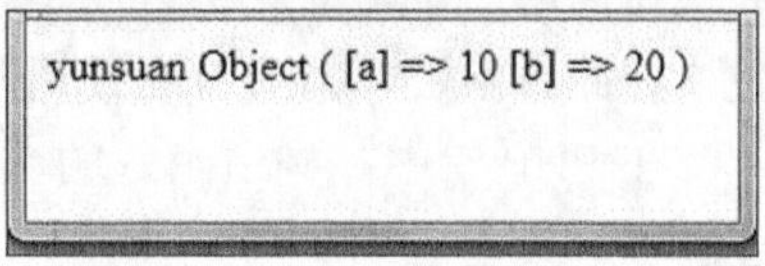

yunsuan Object ([a] => 10 [b] => 20)

图 9-2　显示对象的信息

9.2.4　类成员和作用域

类成员指类的属性。在 PHP 4 中，类的属性必须使用关键字 var 来声明，而 PHP 5 引入了访问修饰符 public（公共）、private（私有）和 protected（保护）。它们可以控制属性和方法的作用域，通常被放置在属性和方法的声明之前。在 PHP 5 中支持以下 3 种不同的访问修饰符。

① 访问修饰符默认为 public，即当用户没有为属性和方法指定访问修饰符时的默认值。这些 public 的项目在类内、类外都可以被访问。

② 当访问修饰符为 private 时，意味着被修饰的项只能在类中被访问。如果用户没使用 get()函数和 set()函数，则最好为每个属性都加上 private 修饰。用户也可以为方法加上 private 修饰，如一些只在类中才使用的函数。private 修饰的项不能被继承。

③ protected 修饰的项能在类及其子类的内部被访问。

【实例 9-4】　作用域

```php
<?php
class doctor{
public $num;
protected $name;
private $telephone;
public function info(){
echo "start";
}
}
```

```
$doc1=newdoctor();
$doc1->num="003015";
$doc1->info();
$doc1->telephone="13637580463";//出错，访问权限不够，telephone 只能在 doctor 类内部访问
?>
```

运行结果如图 9-3 所示。

图 9-3　【实例 9-4】的运行结果

9.2.5　构造函数

构造函数是类中的一个特殊函数，当用 new 来创建类的对象时会自动执行该函数。如果在声明一个类的同时声明了构造函数，则会在每次创建该类的对象时自动调用该函数，因此该函数非常适合在使用对象之前完成一些初始化工作。

在 PHP 5 中，构造函数的名称是__construct()（注意，"construct" 前面是两条不相连的下划线 "__"）。

【实例 9-5】　输出九九乘法表

```
<meta charset="UTF-8">
<?php
class jiujiu{
 public $x;
 function __construct()
 {
    $this->x=9;
 }
 function print_jiujiu(){
   for($i=1;$i<=$this->x;$i++)
   {
   for($j=1;$j<=$i;$j++)
   {
    echo $j."*".$i."=".$j*$i." ";
   }
   echo "<br>";
   }
 }
}
$table=new jiujiu();
$table->print_jiujiu();
?>
```

运行结果如图 9-4 所示。

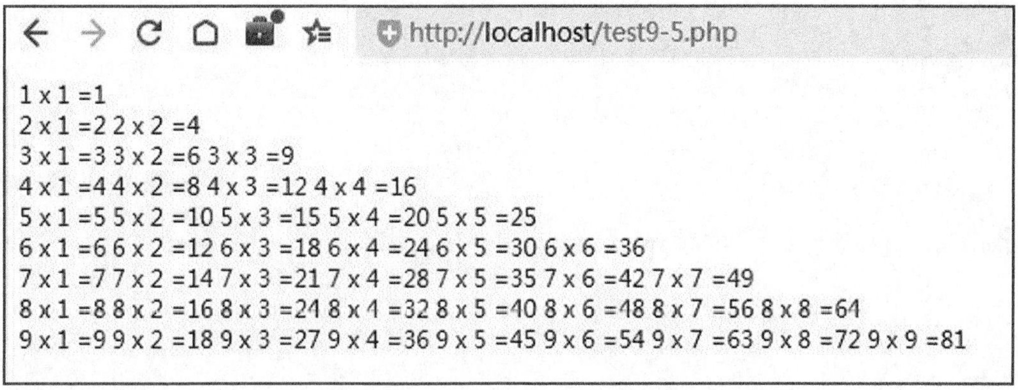

图 9-4　输出九九乘法表

9.2.6　析构函数

类的析构函数的名称是__destruct()，如果在类中声明了该函数，则 PHP 在不再需要对象时会调用析构函数将对象从内存中销毁。

【实例 9-6】　析构函数

```php
<?php
class rd_file{
Public $file;
function __construct()
{
$this->file=fopen('path','a');
}
function __destruct()
{
fclose($this->file);
}
}
```

9.2.7　继承

PHP 类的继承，就是在定义一个类的时候，从另一个"已有的类"获得其特征信息（属性和方法）的过程。可以将类的继承理解成共享被继承类的内容。在 PHP 中使用单一继承的方法 extends()，被继承的类叫作父类，继承的类叫作子类。

PHP 类的继承规则如下。

```
class1------class2------class3
```

class3 拥有 class1、class2 的所有功能和属性，注意避免方法和属性重名，语法格式如下。

```
class son extends root{};
```

【实例 9-7】 类的继承

```php
<?Php
header("content-type:text/html;charset=utf-8");
class Animal
{
private $weight;
public function getWeight() {
return $this->weight;
}
public function setWeight($W) {
$this->weight = $W;
}
}
class Dog extends Animal
{
function Bark(){
echo "小狗在叫";
}
}
$myDog = new Dog();
$myDog->setWeight(20);
echo "Mydog's weight is " . $myDog->getWeight() . "<br />";
$myDog->Bark();
?>
```

运行结果如图 9-5 所示。

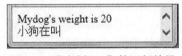

图 9-5 【实例 9-7】的运行结果

在子类中调用父类的方法，除了有 "$this->" 外，还有使用父类（parent）关键字与范围解析符，如 parent::functionname()。而对于父类的属性，子类中只能使用 "$this->" 来访问，因为在 PHP 中，属性不区分父类和子类。

9.3 PHP 类和对象的高级应用

9.3.1 final 关键字

如果希望某类不被其他类继承（如考虑安全性等因素），那么可以考虑使用 final 关键字，其语法如下。

```
final class A{}
```

如果希望某个方法不被子类重写，那么可以考虑使用 final 关键字来修饰。使用 final

关键字来修饰的方法可以继承，因为方法的继承权取决于 public 关键字的修饰。

【实例 9-8】　final 关键字的使用

```php
<?php
class A{
final public function getrate($salary){
return $salary*0.08;
}
}
class B extends A
{
//这里父类的 getrate()方法使用了 final，所以无法重写 getrate()
public function getrate($salary){
return $salary*0.01;
}
}
?>
```

运行结果如图 9-6 所示。

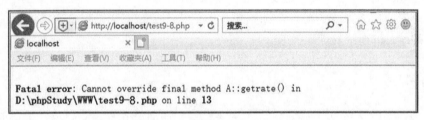

Fatal error: Cannot override final method A::getrate() in D:\phpStudy\WWW\test9-8.php on line 13

图 9-6　【实例 9-8】的运行结果

9.3.2　抽象类

在实际开发过程中，有些类并不需要被实例化，如前面学习到的一些父类，主要是让子类来继承，这样可以提高代码复用性。

抽象类的语法结构如下。

```php
abstract class classname{
property $name;
method(){}  //方法也可以用 abstract 修饰符
function 方法名(){}
}
```

【实例 9-9】　抽象类

```php
<?php
abstract class animal{
public $name;
public $age;
//抽象方法不能有方法体，主要是为了让子类去实现
abstract public function cry();
//抽象类可以包含抽象方法，也可以包含实例类方法
public function getname(){
echo $this->name;
```

```
}
}
class Cat{
public function cry(){
echo 'ok';
}
}
?>
```

"动物类"实际上是一个抽象的概念，它规定了某种动物的共有属性，但各动物之间又不完全相同。此外，还有交通工具类、植物类等。

注意以下事项。

① 如果一个类使用 abstract 来修饰，则该类就是一个抽象类。如果一个方法被 abstract 修饰，那么该方法就是一个抽象方法，抽象方法不能有方法体"=> abstract function cry()"，也不可以有{}。

② 抽象类一定不能被实例化。抽象类可以没有抽象方法，但是如果一个类包含了任意一个抽象方法，这个类一定要被声明为 abstract 类。

③ 如果一个类继承了另一个抽象类，则该子类必须实现抽象类中的所有抽象方法（除非它自己也被声明为抽象类）。

9.3.3　接口

接口就是将一些没有实现的方法封装在一起，要使用某个类的时候，再根据具体情况编写这些方法。

语法结构如下。

```
interface 接口名{
//属性、方法
//接口中的方法都不能有方法体
}
```

实现接口的代码如下。

```
class 类名 implements 接口名{

}
```

接口是更加抽象的抽象类，抽象类中的方法可以有方法体，但是接口中的方法不能有方法体。接口采用了程序设计的多态和高内聚、低耦合的设计思想。

【实例 9-10】　接口的应用

```
<?php
interface iUsb{
public function start();
public function stop();
}
//编写相机类，让它去实现接口
//当一个类实现了某个接口，那么该类就必须实现接口的所有方法
class Camera implements iUsb{
public function start(){
```

```
echo 'Camera starts work'.'<br>';
}
public function stop(){
echo 'Camera stops work';
}
}
//编写一个手机类
class Phone implements iUsb{
public function start(){
echo 'Phone starts work'.'<br>';
}
public function stop(){
echo 'Phone stops work';
}
}
$c=new Camera();
$c->start();
$p=new Phone();
$p->start();
?>
```

运行结果如图 9-7 所示。

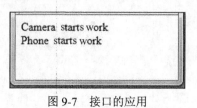

图 9-7　接口的应用

小结如下。

① 接口不能被实例化，接口中所有的方法都不能有方法体。

② 一个类可以实现多个接口，以逗号（","）分隔，例如"class demo implements if1, if2,if3{}"。

③ 接口中可以有属性，但该属性必须是常量。常量不可以有修饰符（默认为 public 修饰符），例如以下代码。

```
interface iUsb{
const A=90;
}
echo iUsb::A;
```

④ 接口中的方法必须为 public 修饰符。

⑤ 个接口不能继承其他类，但是可以继承其他接口。一个接口可以继承多个其他接口，例如以下代码。

```
interface 接口名 extends if1,if2{}
```

⑥ 一个类可以在继承父类的同时实现其他接口，例如以下代码。

```
class test extends testbase implements test1,test2{}
```

PHP 类的继承是单一继承，即一个类只能继承一个父类，这对子类功能的扩展有一定的影响。可以把实现接口看作对继承类的补充。继承是层级的关系，不太灵活；而实现接口是平级的关系，可以在不打破继承关系的前提下对某个功能进行扩展，非常灵活。

9.3.4 克隆对象

PHP 可以使用 clone 关键字建立一个与原对象拥有相同属性和方法的对象，这种方法适用于在一个类的基础上实例化两个类似对象的情况。其语法结构如下。

```
$new_obj=clone $old_obj;
```

其中，$new_obj 是新的对象名，$old_obj 是要克隆的对象名。

克隆后的对象拥有被克隆对象的全部属性。如果需要改变这些属性，那么可以使用 PHP 提供的方法__clone()，该方法在克隆一个对象时会被自动调用。

【实例 9-11】 克隆

```php
<?php
class student{
Public $number=2;
Public function __clone(){
$this->number=$this->number+1;
}
}
$cls1=new student();
$cls2=clone $cls1;
echo $cls1->number."<br>";
echo $cls2->number;
?>
```

运行结果如图 9-8 所示。

```
2
3
```

图 9-8　【实例 9-11】的运行结果

练 习 题

一、填空题

1. 类是_____和_____的集合。

2. 实现继承要使用关键字_____。

3. 构造函数的名称是_____。

4. 实例化对象要使用关键字_____。

二、简答题

1．在 PHP 中如何定义类及类的成员？

2．如何创建基于类的一个对象？

3．如何定义私有、公共和受保护的属性？怎样实现类的继承？

4．简述构造函数和析构函数的功能，并描述它们的语法结构。

第 10 章

实验指导

使用编程语言设计程序时都离不开对文件的操作。文件的操作在很多操作系统中被反复使用。在 PHP 的实际应用中，用户也会遇到文件和目录的创建、修改、删除等操作。

10.1 架设 Windows 操作系统下的 PHP 开发测试服务器

1. 实验准备

（1）系统环境和 PHP 相关软件、开发工具

① 操作系统：Windows 7/10/11。

② Web 服务器：Apache 2.4.58。

③ PHP：PHP 7.4.5。

④ 数据库：MySQL 8.0.33。

⑤ 脚本编辑器：EditPlus（操作系统中已安装）。

（2）实验目的

快速部署 Windows 操作系统下的 PHP 开发测试服务器环境，以满足用户在计算机上学习、研究和开发 PHP 程序的需要或实际工作的需要。

（3）实验中的路径说明

为简单说明问题，此实验采用比较简单的示例路径，但其已经过测试。在实际运用时，用户完全可以根据需要设定路径。

2. PHP 的安装和配置

（1）安装

① 下载 "php-7.4.5-nts-Win64.zip" 软件包，不需要安装，在 C 盘根目录下建立文件夹 "C:\php"，将软件包解压缩到本目录下。

② 在 "C:\php" 目录下找到 "php.ini-dist" 文件，将其名称改为 "php.ini"，这是 php 的配置文件。

③ 修改 "php.ini" 文件的过程如下。

• 找到 "extension_dir="./""，将其修改为 "extension_dir="C:/php/ext""。

• 找到 "; extension= php_mbstring.dll"，删除 "; "。

• 找到 "; extension=php_mysql.dll"，删除 "; "。

- 找到"；extension=php_mysqli.dll"，删除"；"。

④ 修改"php.ini"文件后，保存该文件，并将其复制到"C:\Windows\"目录下。

⑤ 将"C:\PHP\libmysql.dll"复制到"C:\windows\system64"目录下。

（2）配置

修改"php.ini"文件中的参数来实现对 MySQL 的配置。对于 MySQL 而言，若无特殊要求，一般无须配置。因为 PHP 在"php.ini"文件中已经完成了对 MySQL 的配置，所以一般无须修改。

3．Apache 的安装和配置

（1）安装软件

双击"apache_2.4.58-win64.exe"，按照提示，选择 Custom 安装方式，然后一直选择默认配置，即可完成安装。注意，如果用户的计算机上安装了 IIS，请先通过控制面板关闭 IIS 服务，因为 IIS 服务器与 Apache 服务器使用同一个端口。

（2）配置服务

单击"开始"→"程序"→"Apache HTTP Server 2.4"→"Configure Apache Server"→"Edit the Apache httpd.conf configuration file"，打开 Apache 的配置文件"httpd.conf"，按表 10-1 进行配置。

注意，要想每处的配置都起到作用，就必须将行首的"#"（注释符号）去除。在表 10-1 中，"□"表示一个或多个空格。

表 10-1　Apache 的配置

序号	参数名和示例参数值	配置方法	说明
1	BindAddress□（用户所用机器的 IP 地址）	修改	IP 地址绑定（指定服务器 IP 地址）
2	LoadModule□php5_module c:/php/sapi/php5apache.dll	添加	将 PHP 配置为 Apache 的模块（Apache Module）方式
3	Port□80	修改	指定端口
4	ServerAdmin□（用户邮箱地址）	修改	指明管理员邮箱
5	ServerName□SSL	修改	指明主机名称
6	DocumentRoot□"d:\Website\htdocs"	修改	Web 文档发布主目录
7	<Directory□"d:\ Website\htdocs ">	修改	该处目录应与 Web 文档发布主目录一致
8	ScriptAlias□/php/□"c:/php/" AddType□application/x-httpd-php□.php Action□application/x-httpd-php□"/php/php.exe"	添加	指明脚本路径 指明 PHP 脚本扩展名 指明 PHP 脚本解释器程序名
9	DirectoryIndex□index.htm□index.php	修改	指定默认文档

修改后保存 httpd.conf 文件。

（3）测试配置是否成功

① 单击"开始"→"程序"→"Apache HTTP Server 2.4"→"Configure Apache Server"→"Test Configuration"来测试配置文件是否有语法错误等。

② 在浏览器中键入"http://localhost",查看能否看见服务器测试页面,若能看见则表示配置成功。

4. Apache 的启动

启动 Apache:单击"开始"→"程序"→"Apache HTTP Server 2.4"→"Control Apache Service"→"Start"。

(默认情况下,每次操作系统启动时将自动启动 Apache,用户可更改此配置。)

5. 测试 Apache 服务器对 PHP 的支持能力

测试目的:检验配置后的 Apache 服务器是否提供对 PHP 脚本的解释能力(支持PHP)。

使用 EditPlus 编写测试脚本,存储路径为"D:\Website\htdocs\ceshi.php",具体内容如下。

```php
<?php
echo phpinfo();
?>
```

说明:phpinfo()是 PHP 内置函数,用于显示 PHP 和 Apache 的配置信息,在浏览器中键入"http://localhost/ceshi.php",按下 Enter 键后若显示 PHP 配置页面(以 Windows 10 操作系统环境为例),则说明用户的 Apache 服务器已经支持 PHP 脚本,并能够解释 PHP 脚本;若不显示 PHP 配置页面,则配置有误,此时用户的 Apache 不能解释 PHP 脚本,需要重新配置。

6. 安装 MySQL 和启动数据库服务器

① 对下载的压缩包进行解压缩后,双击"setup.exe",按照提示,选择 custom 安装方式,然后一直选择默认配置进行安装。当遇到输入密码时,可输入"123"(示例)作为密码。

② 测试安装是否成功。单击"开始"按钮,选择"MySQL"→"MySQL Server 8.0"→"MySQL Command Line Client"后,出现图 10-1 所示的窗口,然后输入 root 密码,根据提示进行操作即可。

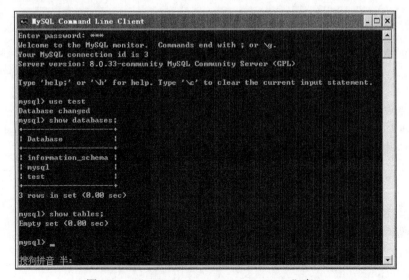

图 10-1 "MySQL Command Line Client"窗口

7. 测试 PHP 与 MySQL 的协同

在 PHP 方面，准备测试脚本"connect.php"，并将其存储在"D:\Website\htdocs"路径下。测试脚本的内容如下。

```
<?
$connection=mysql_connect('127.0.0.1','root','123') or die('不能连接到 MySQL 数据库：'.mysql_error());
echo '已经成功连接 MySQL 数据库<br />';
mysql_select_db('test') or die('不能选择数据库');
echo '已经成功连接 test 数据库';
?>
```

在浏览器地址栏键入"http://localhost/connect.php"，按下 Enter 键后，若显示图 10-2 所示的界面，则表明 PHP 与 MySQL 已能够协同工作。

图 10-2 连接成功界面

10.2 phpStudy 的安装和使用

1. 实验目的

熟练掌握 phpStudy 的安装和使用。

2. 实验内容

① phpStudy 的配置。

② phpMyAdmin 的配置。

3. 实验步骤

（1）安装

① 进入官方下载网址后，在下拉页面中可以看到推荐版本，注意下载路径不能包含中文或空格，如图 10-3 所示。

② 单击"下载"按钮，按照用户的操作系统类型下载相应版本。

③ 安装压缩包后，根据提示进行解压，解压后如图 10-4 所示。

图 10-3　推荐版本

phpstudy_pro	2022/6/7 9:42	文件夹	
phpstudy_x64_8.1.1.3 - 快捷方式	2022/6/7 9:41	快捷方式	
phpstudy_x64_8.1.1.3	2021/3/29 15:07	应用程序	79
phpstudyV8使用说明	2020/5/12 14:17	文本文档	
phpstudy官网链接	2019/12/26 10:37	Internet 快捷方式	
安装路径不能包含中文或空格	2019/12/26 10:34	文本文档	

图 10-4　安装压缩包解压后

（2）使用

① 简单熟悉 phpStudy。

a. 当服务指示灯为红色时，表示服务未开启；当指示灯为蓝色时，表示服务正常运行[1]，如图 10-5 所示。

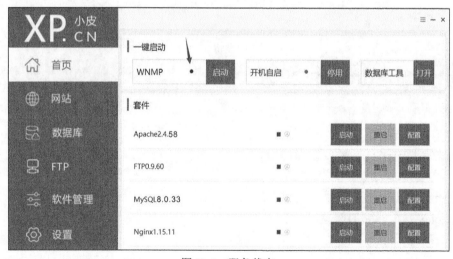

图 10-5　服务状态

b. 可以在网站的选项栏中根据需要创建新的站点，如图 10-6 所示。这个站点是 phpStudy 内置的测试网站。

1　为了使读者能够在操作时直观地感受到配置效果，我们保留了颜色表述。

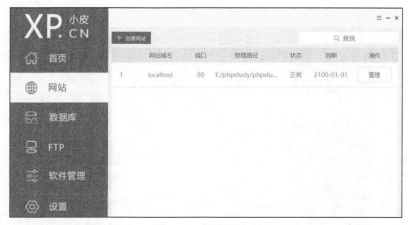

图 10-6　创建新站点

c．可以在数据库选项栏中对数据库进行操作，如创建新数据库、更改密码等（记得在首页先启动 MySQL），如图 10-7 所示。

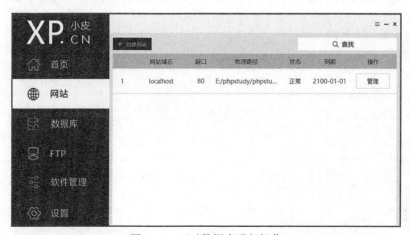

图 10-7　可对数据库进行操作

d．在环境选项栏中，可以额外下载一些辅助工具和运行环境，如图 10-8 所示。

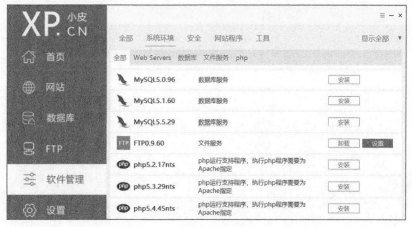

图 10-8　下载辅助工具和运行环境

② 创建一个新站点。

a. 打开 Nginx1.15.11，如图 10-9 所示。

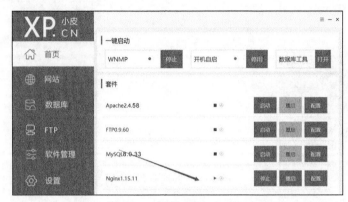

图 10-9   打开 Nginx1.15.11

b. 用户新建文件夹，域名由用户自行决定，其中用户可更换 PHP 版本，如图 10-10～图 10-12 所示。

图 10-10   新建文件夹

图 10-11   自定义域名

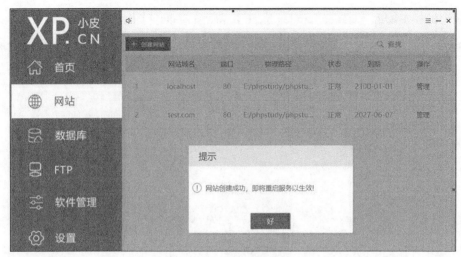

图 10-12　网站创建成功

c. 验证站点是否已经创建成功。

找到 WWW 文件夹中的 index 文件，如图 10-13 所示。

图 10-13　找到 index 文件

在地址栏中输入 "test.com/index.html", 得到的界面如图 10-14 所示。

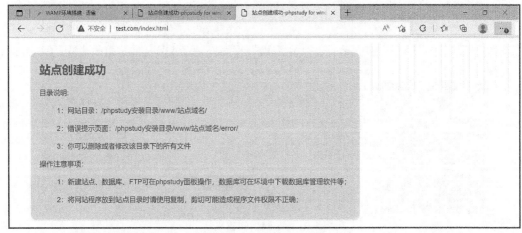

图 10-14　站点创建成功

4. phpMyAdmin 的下载和使用

（1）下载

在 phpStudy 中下载 phpMyAdmin, 如图 10-15 所示。

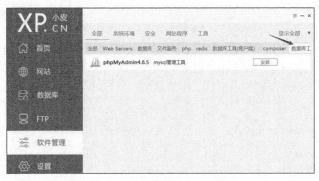

图 10-15　下载 phpMyAdmin

（2）简要操作

① 单击 "管理" 按钮, 如图 10-16 所示。

图 10-16　单击 "管理" 按钮

② 输入用户名和密码（在数据库中可以看到），如图 10-17 所示。

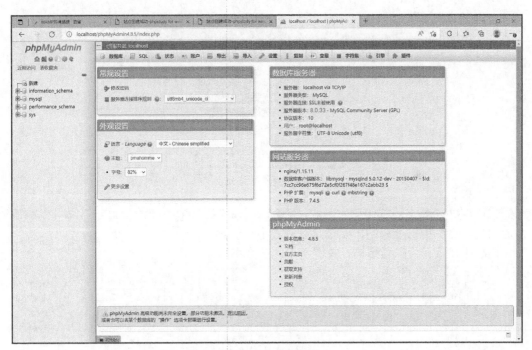

图 10-17　输入用户名和密码

③ 成功样例（要在首页打开 MySQL），如图 10-18 所示。

图 10-18　成功样例

10.3　PHP 的语法结构

1. 实验目的

熟练掌握 PHP 的基本语法。

2. 实验内容

① 修改大小写。

② 使用语句和分号。

③ 使用注释。

④ 使用标识符。

3. 实验步骤

（1）测试是否对英文大小写不敏感

变量区分大小写；内置结构[while()语句、for()语句、if()语句等]及关键字（echo、class 等）不区分大小写。

【实例 10-1】 变量区分大小写

```
<?
$say="good morning";
$SAY="good afternoon";
$saY="good night";
echo $say."<br>";
echo $SAY."<br>";
echo $saY."<br>";
?>
```

运行结果如图 10-19 所示。

图 10-19　变量区分大小写

代码解读：在上述代码中，$say、$SAY、$saY 是 3 个不同的变量，所以可以输出对应的值，由本例可以总结出变量是区分大小写的。

【实例 10-2】 内置结构及关键字不区分大小写

```
<?
$i=1;
WHile($i<10)
{
 ECho $i;
 $i++;
}
```

运行结果如图 10-20 所示。

图 10-20　内置结构及关键字不区分大小写

代码解读：在上述代码中，WHile()和 ECho()并未影响输出结果，由本例可以总结出内置结构及关键字是不区分大小写的。

（2）语句和分号

【实例 10-3】 分号是否可以省略

```php
<?php
$a=10;
$b=10;
if($a==$b)
  {
echo "注意:<br>";
echo "\$a 的值等于\$b 的值<br>";
  }
else
  echo "不相等"
?>
```

运行结果如图 10-21 所示。

图 10-21 分号是否可以省略

代码解读：在上述代码中，在{}中如果只有一条语句，则可以省略";"，如果在{}中有多条语句，则不能省略";"。如果语句是代码中的最后一条，则分号可以省略。

（3）注释

【实例 10-4】 单行注释和多行注释

a. 单行注释。

```php
<?
echo "php 循环语句"; //这是 echo 函数
$sum=0;
for($i=2;$i<=10;$i+=2)
$sum+=$i;

echo $sum;
?>
```

运行结果如图 10-22 所示。

图 10-22 单行注释

b．多行注释。

```
<?
echo "php 循环语句"; //这是 echo 函数
$sum=0;
/*
for($i=2;$i<=10;$i+=2)
$sum+=$i;
*/
echo $sum;
?>
```

运行结果如图 10-23 所示。

图 10-23 多行注释

代码解读：上述代码中"//"是单行注释，"/* */"是多行注释。如果把代码注释掉，则不执行注释掉的语句，实际应用中经常通过注释掉语句来调试语句。

（4）常量标识符

【实例 10-5】 使用 define()函数设置常量标识符

```
<?php
define("NAME","lixiangyi");
define("NAME","zhangsan");
echo NAME;
?>
```

运行结果如图 10-24 所示。

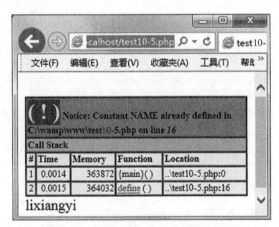

图 10-24 使用 define()函数设置常量标识符

代码解读：在上述代码中，常量的定义用 define()函数，且常量前无"$"符号。常量一旦被定义就不能再重新被定义。

10.4　PHP 的数据类型

1. 实验目的

熟练掌握 PHP 的数据类型的区别。

2. 实验内容

① 检测字符串型数据。

② 检测布尔型数据。

③ 检测数组型数据。

④ 检测对象型数据。

⑤ 检测资源型数据。

⑥ 检测数据类型。

3. 实验步骤

（1）检测字符串型数据

【实例 10-6】　变量在单引号和双引号中的不同输出

```php
<?php
$name="PHP 程序设计";
echo " $name 大家喜欢吗 ";
echo '$name';
?>
```

运行结果如图 10-25 所示。

图 10-25　变量在单引号和双引号中的不同输出

代码解读：在上述代码中，如果在 echo 语句中使用双引号输出变量，那么会输出变量的值，如果使用单引号输出变量则会原样输出一个字符串。还有一点要注意的是，在用双引号输出变量时，双引号和字符串之间要有空格，否则会出错。

【实例 10-7】　输出单双引号

```php
<?php
echo 'She said,"How are you?"';
print "I'm just ducky.";
?>
```

运行结果如图 10-26 所示。

图 10-26 输出单双引号

代码解读：在打印双引号的时候使用单引号，在打印单引号的时候使用双引号。

【实例 10-8】 转义字符的使用

```php
<?php
echo "\"你好\"";
echo "<br>";
echo "\\你好";
echo "<br>";
echo "\$a";
echo "<br>";
echo '\$a';
?>
```

运行结果如图 10-27 所示。

图 10-27 转义字符的使用

代码解读：使用转义字符时，单引号只识别"\"和"'"这两种转义字符，而双引号不仅识别这两种转义字符还识别换行符、双引号、回车符、制表符、美元符号等转义字符。

（2）检测布尔型数据

【实例 10-9】 检测布尔值

```php
<?php
$a=true;
var_dump($a);
$b=false;
var_dump($b);
$c=10;
$d=10;
var_dump($c==$d);
?>
```

运行结果如图 10-28 所示。

代码解读：var_dump()函数不仅可以输出变量的值，还可以输出变量的数据类型；"=="是比较运算符，返回的是逻辑真（true）或者逻辑假（false）。

图 10-28 检测布尔值

（3）检测数组型数据

【实例 10-10】 数组的创建、遍历

```php
<?php
$arr[0]='春';$arr[1]='夏';
$arr[2]='秋';$arr[3]='冬';
$arr2=array(
"spring"=>"暖","summer"=>"热",
"autumn"=>"凉","winter"=>"冷");
foreach($arr as $value)
echo $value;
foreach($arr2  as $key => $value)
echo "$key=>$value";
?>
```

运行结果如图 10-29 所示。

图 10-29 数组的创建、遍历

代码解读：定义数组可以为每个元素分别赋值，也可以直接使用 array()函数定义；遍历数组使用 foreach() 语句比较方便。对于索引数组，可以使用 for()语句也可以使用 foreach()语句遍历，但是对于关联数组，只能使用 foreach()语句来遍历。

（4）检测对象型数据

【实例 10-11】 类和对象的简单例子

```php
<?php
Class Person{
  var $name='';
  function name($newname=NULL){
    if(!is_null($newname))
        $this->name=$newname;
        return $this->name;
  }
  }
```

```
$ed=new Person;
$ed->name('Edison');
printf("Hello,%s<br>",$ed->name);
$tc=new Person;
$tc->name('Crapper');
printf("Lookoutbelow,%s<br>",$tc->name);
?>
```

运行结果如图 10-30 所示。

图 10-30　类和对象的简单例子

代码解读：创建一个类后，要将类实例化成各个不同的对象，可以使用 "->" 关键字来引用该对象的属性和方法。

（5）检测资源型数据

资源的概念：以数据库应用为例，在同时有多个数据库连接时，要进行查询和关闭连接等操作，必须指明这些操作是针对哪个连接的，所以有必要为每个连接赋予一个标识值，一般是整数。这种标识值的数据类型称为资源型。

资源的回收：程序运行结束时资源自动关闭，资源值被回收。作为局部变量的资源，当函数调用结束时，该变量的值自动被 PHP 回收。

【实例 10-12】　资源型数据的例子

```
<?php
$db='yey';
$user='root';
$password='';
$conn=mysql_connect('localhost',$user,$password)or die('失败');
echo $conn;
if($conn)
echo "数据库连接成功";
mysql_query("set names utf8");
mysql_select_db($db);
?>
```

运行结果如图 10-31 所示。

图 10-31　资源型数据的例子

代码解读：$conn 为资源型变量。

（6）检测数据类型

【实例 10-13】　检测数据类型

```php
<?php
$x=2.5;
if(is_int($x)) echo '$x 是整型数据';
if(is_float($x)) echo '$x 是浮点型数据';
if(is_string($x)) echo '$x 是字串型数据';
if(is_bool($x)) echo '$x 是布尔型数据';
if(is_array($x)) echo '$x 是数组型数据';
if(is_object($x)) echo '$x 是对象型数据';
if(is_resource($x)) echo '$x 是资源型数据';
if(is_null($x)) echo '$x 是 NULL 型数据';
?>
```

运行结果如图 10-32 所示。

图 10-32　检测数据类型

代码解读：可以使用相应的检测函数来检测变量的数据类型。

10.5　变量

1. 实验目的

熟练掌握 PHP 变量的用法。

2. 实验内容

① 变量数据类型的转换。

② 检测变量的作用域。

3. 实验步骤

（1）变量数据类型的转换

【实例 10-14】　PHP 变量无数据类型检查，无须声明，数据类型随用随变

```php
<?php
#PHP 变量无数据类型检查
$a="Fred";
echo "\$a 的值=$a<br>";
if(is_string($a)) echo "\$a 是字符串型变量<hr>";
$a=35;
echo "\$a 的值=$a<br>";
```

```
if(is_int($a)) echo "\$a 是整型变量<hr>";

$a=array('ASP','JSP','PHP');
echo "\$a 的值为<br>";
foreach($a as $e)
 echo "$e<br>";
if(is_array($a)) echo "\$a 是数组型变量";
?>
```

运行结果如图 10-33 所示。

图 10-33 PHP 变量无数据类型检查，无须声明，数据类型随用随变

代码解读：在 PHP 中，变量是直接使用的，无须声明，系统根据值的不同类型来判断变量的类型。

【实例 10-15】 变量的变量

```
<?php
#变量的变量
$r='lili';
$$r='zhang';
$$$r=40;
echo $lili;
echo $zhang;
?>
```

运行结果如图 10-34 所示。

图 10-34 变量的变量

代码解读：在 PHP 中变量的变量也叫作可变变量，一个普通变量的名称又可以作为另一个变量的值。

（2）检测变量的作用域

【实例 10-16】　不能从全局（函数外部）直接访问局部变量

```php
<?php
error_reporting(E_ERROR);
function update_a(){
  $a++; }
$a=15;
update_a();
echo $a;
?>
```

运行结果如图 10-35 所示。

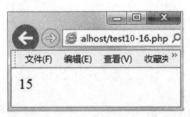

图 10-35　不能从全局（函数外部）直接访问局部变量

代码解读：上述函数更新了一个局部变量而不是全局变量。当函数体执行结束时，$a 的值被 PHP 抛弃，该变量所占内存资源被收回，所以最后输出的还是全局变量的值。

【实例 10-17】　从局部访问全局变量，方法 1——使用 global 关键字声明

```php
<?
function update_a(){
  global $a;
  $a++;
}
$a=15;
update_a();
echo $a;
?>
```

运行结果如图 10-36 所示。

图 10-36　使用 global 关键字声明

代码解读：上述函数使用 global 关键字声明全局变量，函数体执行结束后，全局变量的值被修改。

【实例 10-18】　从局部访问全局变量，方法 2——引用全局变量数组$GLOBALS

```
<?
function update_a(){
 $GLOBALS['a']++; }
$a=15;
update_a();
echo $a;
?>
```

运行结果如图 10-37 所示。

图 10-37　引用全局变量数组$GLOBALS

代码解读：上面的函数引用全局变量数组$GLOBALS 中键名为 a 的元素，函数体执行结束后，全局变量的值被修改。

【实例 10-19】　使用静态变量的好处——使全局可间接访问到局部变量

```
<?php
function update_a(){
   static $a=0;
   $a++;
   echo "局部静态变量\$a 这时的值=$a<br>";
}
$a=10;
update_a();
update_a();
echo "全局变量\$a 这时的值=$a";
?>
```

运行结果如图 10-38 所示。

图 10-38　使用静态变量的好处——使全局可间接访问到局部变量

代码解读：使用静态变量的方法，使全局可间接访问到局部变量，而局部静态变量的值不影响全局变量的值。

【实例 10-20】　全局不可访问局部变量

```
<?php
function read_name($name){
   echo "Hello,$name<br>";
```

```
}
read_name("lixiangyi");
if($name==null)
echo '$name 是一个空变量，访问不到！';
?>
```

运行结果如图 10-39 所示。

图 10-39 全局不可访问局部变量

代码解读：函数参数作为一种局部变量，是不能直接被外部访问的。

（3）变量的内存管理

【实例 10-21】 垃圾收集——变量的回收

```
<?
echo "从未对\$name 赋值,这时:<br>";
$s1=isset($name);//$s1 为 false
if($s1) echo "\$name 已存在,其值=$name<br>";
else echo "\$name 不存在,其值=$name<br>";

$name="lixiangyi";
$s1=isset($name);//$s1 为 true
if($s1) echo "\$name 已存在,其值=$name<br>";
else echo "\$name 不存在,其值=$name<br>";

echo "现在从内存中释放(删除)\$name:<br>";
unset($name);
$s1=isset($name);//$s1 为 false
if($s1) echo "\$name 已存在,其值=$name<br>";
else echo "\$name 不存在,其值=$name<br>";
?>
```

运行结果如图 10-40 所示。

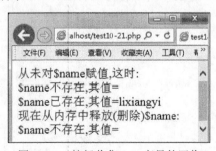

图 10-40 垃圾收集——变量的回收

代码解读：使用 unset()函数释放变量，对变量进行回收。

10.6 表达式和操作符

1. 实验目的

熟练掌握 PHP 的操作符的用法。

2. 实验内容

① 隐式类型的转换。

② 字符串连接操作符的使用。

③ 自增操作符的使用。

④ 类型转换操作符的使用。

⑤ 三元操作符的使用。

3. 实验步骤

（1）隐式类型的转换

【实例 10-22】　数字间进行字符串拼接的规则，即数字先变为字符串，再拼接字符串

```php
<?php
$a=100;
$b=300;
$c=$a.$b;
echo "\$c=$c";
?
```

运行结果如图 10-41 所示。

图 10-41　数字间进行字符串拼接的规则

代码解读：如果两个变量都是数字型的，则首先将数字变成字符串，然后进行连接。

【实例 10-23】　字符串转换为数字后的数字值规则

```php
<?
$a="9abc"-1;
$b="3.10abcd"*2;
$c="9.abcd"-1;
$d="9e2adf456t"+1;
$e="abc9"-2;
var_dump($a);
var_dump($b);
var_dump($c);
var_dump($d);
var_dump($e);
?>
```

运行结果如图 10-42 所示。

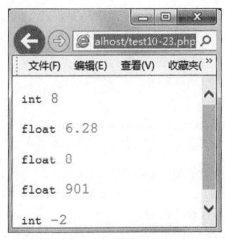

图 10-42 字符串转换数字后的数字值规则

代码解读：以数字开头的字符串，则该数字就是转换后的数字值；若没有找到数字，则转换后的数字值为 0，若字符串开头包含一个句点、E 或 e，则转换后的数字类型为浮点型。

（2）字符串连接操作符的使用

【实例 10-24】 当数字与字符串连接时，数字会先自动变成字符串

```
<?
$n=205;
$s="There are ".$n ." cocks";
echo "\$s=$s";
?>
```

运行结果如图 10-43 所示。

图 10-43 当数字与字符串连接时，数字会先自动变成字符串

代码解读：当数字与字符串连接时，数字会先自动变成字符串。

【实例 10-25】 双引号自动解析变量的值

```
<?
$n=205;
$s="There are $n cocks";
echo "\$s=$s";
?>
```

运行结果如图 10-44 所示。

图 10-44　双引号自动解析变量的值

代码解读：双引号中变量的值可以被解析出来。

（3）自增操作符的使用

【实例 10-26】　小写字母的自增

```
<?
#字母的自增运算
echo "小写字母自增: <hr>";
$a="a";
while($a<="z"){
   echo $a++; echo "<br>";
}
?>
```

运行结果如图 10-45 所示。

图 10-45　小写字母的自增

代码解读：如果去除 while()语句中的等号，则输出的结果会完全不一样，只会输出 a~y 这 25 个字母；如果加上等号，则输出 a~z 共 26 个字母。

（4）类型转换操作符的使用

【实例 10-27】　类型转换的临时性

```
<?
$a="306";
```

```
$b=(int)$a;
var_dump($b);
if(is_string($a)) echo '$a 仍是字符串型';
?>
```

运行结果如图 10-46 所示。

图 10-46　类型转换的临时性

代码解读：转换类型只是让变量临时以某种格式接收变量，并不影响变量本来的数据类型。

【实例 10-28】　类型转换的真正实现

```
<?
$a="30";
if(is_string($a))
echo "开始,\$a 是字符串型数据,值为$a<br>";
$a=(int)$a;
if(is_int($a))
echo "转换类型并自赋值后,\$a 是整型数据,值为$a<br>";
?>
```

运行结果如图 10-47 所示。

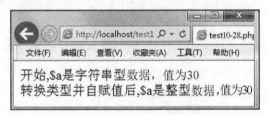

图 10-47　类型转换的真正实现

代码解读：转换类型后，把转换后的值再重新赋值给本身转换类型的变量，可以达到真正的类型转换。

（5）三元操作符的使用

【实例 10-29】　三元操作符的使用

```
<?
$a=10;
$b=20;
echo "\$a=$a,\$b=$b<br>";
echo $a>$b?'$a>$b':'$a<$b';
?>
```

运行结果如图 10-48 所示。

图 10-48　三元操作符的使用

代码解读：三元操作符可以用 if()语句来改写。

10.7　控制语句

1．实验目的

熟练掌握 PHP 的各种控制语句。

2．实验内容

① if()语句的使用。

② switch()语句的使用。

③ while()语句的使用。

④ for()语句的使用。

3．实验步骤

（1）if()语句的使用

【实例 10-30】　使用 if…else 结构

```
<?
echo "常见使用方式——C 语言的方式:<br>";
$user_validated=true;
if($user_validated){
    echo "欢迎你!<hr>";
    $greed=1;
}
else {
    echo "对不起，禁止访问!<hr>";
    exit;
}
echo "还可使用 PHP 提供的另一种方式:if…endif 结构<br>";
$user_validated="";
if($user_validated):
    echo "欢迎你!<hr>";
    $greed=1;
else
    echo "对不起，禁止访问!<hr>";
    exit;
endif;
?>
```

运行结果如图 10-49 所示。

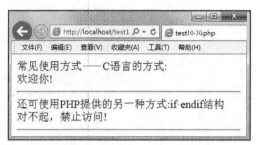

图 10-49　使用 if…else 结构

代码解读：不仅可以使用 C 语言的方式，还可以使用 PHP 提供的另一种方式，即 if…endif 结构。

【实例 10-31】　嵌入 HTML 语句

```
<?
$name="lixiangyi";
$name_validated="1";
if($name_validated){
?>
<table border=1>
  <tr>
    <td>欢迎你:</td><td><?=$name?></td>
  </tr>
</table>
<?
else echo   "请重新登录"
?>
}
```

运行结果如图 10-50 所示。

图 10-50　嵌入 HTML 语句

代码解读：注意 if()语句和 html 标记混编时的写法。

【实例 10-32】　if()语句的层进 1

```
<?
$score=70;
echo "你的分数是:$score 属于:";
if($score>90)
    print("优秀");
else
    if($score>80&&$score<=90)
        print("良好");
    else
        if($score>70&&$score<=80)
```

```
        print("中等");
    else
        if($score>=60&&$score<=70)
            print("及格");
        else
            if($score<60)
                print("不及格");
?>
```

运行结果如图 10-51 所示。

图 10-51　if()语句的层进 1

代码解读：注意在此种写法中，else 与 if 没有连在一起。

【实例 10-33】　if()语句的层进 2

```
<?
echo "本程序阅读性比实例 10-32 可读性好,以下是运行结果<br>";
$fenshu=70;
echo "你的分数是:$fenshu 属于:";
if($fenshu>90)
    print("优秀");
elseif($fenshu>80&&$fenshu<=90)
    print("良好");
elseif($fenshu>70&&$fenshu<=80)
    print("中等");
elseif($fenshu>60&&$fenshu<=70)
    print("及格");
elseif($fenshu<60)
    print("不及格");
?>
```

运行结果如图 10-52 所示。

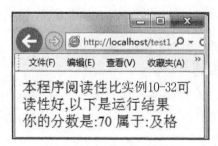

图 10-52　if()语句的层进 2

代码解读：注意在此种写法中 else 和 if 是连接在一起的，可以将 print()改成 echo()。

（2）switch()语句的使用

【实例 10-34】 switch…endswitch 结构的用法

```
<?
$score=70;
$s=(int)($score/10);
echo "你的分数是:$score,属于:";
switch($s):
  case 9:    print("优秀");break;
  case 8:    print("良好");break;
  case 7:    print("中等");break;
  case 6:    print("及格");break;
  default:    print("不及格");break;
endswitch;
?>
```

运行结果如图 10-53 所示。

图 10-53 switch…endswitch 结构的用法

【实例 10-35】 switch…case 结构的用法

```
<?
$score=60;
$s=(int)($score/10);
echo "你的分数是:$score,属于:";
switch($s):
  case 9:
  case 8:
  case 7:
  case 6:    print("及格");break;
  default:    print("不及格");break;
endswitch;
?>
```

运行结果如图 10-54 所示。

图 10-54 switch…case 结构的用法

（3）while()语句的使用

【实例 10-36】 while()语句的使用

```
<?
$sum=0;
$i=2;
while($i<=100){
    $sum+=$i;
    $i=$i+2;
}
echo "2+4+6+*+…+100=$sum";
?>
```

运行结果如图 10-55 所示。

图 10-55　while()循环的使用

代码解读：该段代码求的是 100 内的偶数和，使用 while()语句来实现。

【实例 10-37】 while…endwhile 循环的使用

```
<?
$sum=0;
$i=2;
while($i<=100):
    $sum+=$i;
    $i=$i+2;
endwhile;
echo "2+4+6+*+…+100=$sum";
?>
```

运行结果如图 10-56 所示。

图 10-56　while…endwhile 循环的使用

代码解读：该段代码和【实例 10-36】的代码实现的功能一样，但是采用的是 while…
endwhile 循环。注意 while 后是冒号，endwhile 后是分号。

（4）for()语句的使用

【实例 10-38】 for()语句中多表达式的应用

```
<?
$sum=0;
for($i=2,$j=1;$i<=10;$i+=2,$j++){
    echo '第'.$j.'步: $sum='.$sum.'+'.$i;
    $sum+=$i;
    echo "=$sum<br>";
```

```
}
echo "使用 for 语句,计算结果是<br> \$sum=2+4+6+8+10=$sum";
?>
```

运行结果如图 10-57 所示。

图 10-57　for()语句中多表达式的应用

代码解读：该代码的功能是求 10 之内的偶数和，把每一步具体的循环代码显示出来。

【实例 10-39】　for…endfor 语句的使用

```
<?
$sum=0;
for($i=2,$j=1;$i<=10;$i+=2,$j++):
    echo '第'.$j.'步: $sum='.$sum.'+'.$i;
    $sum+=$i;
    echo "=$sum<br>";
endfor;
echo "使用 for…endfor 语句,计算结果是<br> \$sum=2+4+6+8+10=$sum";
?>
```

运行结果如图 10-58 所示。

图 10-58　for…endfor 语句的使用

代码解读：该代码的功能和【实例 10-38】中的代码的功能一样，不同的是本实例使用的是 for…endfor 语句。

10.8　验证码的制作

1．实验目的

掌握 PHP 制作验证码的方法。

2．实验内容

① 创建图片。

② 产生随机数。

③ 将随机数写入图片。

④ 在图片中加入干扰元素（点、线）。

⑤ 输出验证码图片。

3．实验步骤

（1）创建图片

```
$im=ImageCreatetrueColor (44,18); //画一张指定宽度、高度的图片
```

首先，使用 ImageCreatetrueColor()函数创建一张真彩（24bit）图像，也可以使用 ImageCreate()函数创建一个基于调色板（8bit）的空白图像。当然用户也可以通过 ImageCreateFromPNG()函数、ImageCreateJPEG()函数或 ImageCreateFromGIF()函数来读取一个现有图像文件作为背景图像。ImageCreatetrueColor()函数的说明如下。

```
$img=ImageCreatetrueColor ($width,$height);
//此函数将返回一个图像标识符，表示一幅宽度和高度分别为$width 和$height 的空白图像
$back = ImageColorAllocate ($im, 245,245,245); //定义背景颜色
imageFill ($im,0,0,$back);                           //把背景颜色填充到刚绘制完成的图片中
```

使用 ImageColorAllocate()函数定义 PHP 绘图使用的颜色。ImageColorAllocate()函数的说明如下。

```
Int ImageColorAllocate (resource image, int red, int green, int blue);
```

ImageColorAllocate()函数返回一个标识符，表示由给定的 RGB 成分组成的颜色；image 参数是 ImageCreatetrueColor()函数的返回值；red、green 和 blue 分别是所需要的颜色的红、绿、蓝成分，这些参数是 0～255 的整数或者十六进制的 0x00～0xFF。

ImageFill()函数的说明如下。

```
Bool ImageFill (resource image, int x, int y, int color);
//ImageFill() 在 image 所代表的图像的坐标(x, y)[图像左上角为(0, 0)]处使用 color 颜色执行区域填充[即与(x,y)点颜色相同且相邻的点都会被填充]
```

（2）产生随机数

rand()函数可产生随机数，其语法如下。

```
rand(min,max)
```

该函数返回 min～max 的随机整数，其中包含 min 和 max。

产生 4 位随机数，先用 rand()函数产生 1～9 中的数字，再使用 for()语句对每次产生的随机数进行连接，代码如下。

```
For ($i=1;$i<=4;$i++)
{
$authnum=rand(1,9);
$vcodes.=$authnum;
}
```

（3）将随机数写入图片

```
ImageString ($im,5,2+$i*10,1,$authnum,$font);
```

ImageString()函数的说明如下。

```
Int ImageString (resource image,int font,int x,int y,string s,int col);
```

ImageString()函数使用 col 对应的颜色将字符串 s 绘制到 image 所代表的图像的(x, y)坐标处[图像的左上角为$(0, 0)$]。如果 font 是 1、2、3、4 或 5，则使用内置字体。

（4）在图片中加入干扰元素（点、线）

```
for($i=0;$i<100;$i++)  //加入干扰元素
{
    $randcolor = ImageColorAllocate ($im,rand (0,255),rand (0,255),rand (0,255));
    ImageSetpixel ($im,rand()%70 ,rand()%30 ,$randcolor); //像素点的绘制函数
}
bool ImageSetpixel (resource $image,int $x,int $y,int$color )
```

ImageSetpixel()函数在 image 所代表的图像中使用 color 颜色在(x, y)坐标[图像左上角为$(0, 0)$]上绘制一个点。

利用 for()语句可以在图中加入多个点。

（5）输出验证码图片

```
ImagePNG($im);
```

PHP 允许以不同格式输出图像，具体如下。

① ImageGIF()：以 GIF 格式将图像输出到浏览器或文件中。

② ImageJPEG()：以 JPEG 格式将图像输出到浏览器或文件中。

③ ImagePNG()：以 PNG 格式将图像输出到浏览器或文件中。

④ ImageWBMP()：以 WBMP 格式将图像输出到浏览器或文件中。

语法如下。

```
bool ImageGIF(resource image [, string filename])
bool ImageJPEG(resource image [, string filename [, int quality]])
bool ImagePNG(resource image [, string filename])
bool ImageWBMP(resource image [, string filename [, int foreground]])
```

图像输出参数的说明如表 10-2 所示。

表 10-2　图像输出参数的说明

参数	说明
image	待输出的图像，如 ImageCreate()或 ImageCreateFrom()函数的返回值
filename	可选，指定输出图像的文件名。如果省略，则原始图像流将被直接输出
quality	可选，指定图像质量，范围为 0～100，其中，0 表示最差质量，文件最小；100 表示最佳质量，文件最大；默认为 75。这是 ImageJPEG()函数的独有参数
foreground	可选，指定前景色，默认前景色为黑色。这是 ImageWBMP()函数的独有参数

【实例 10-40】　验证码图片的制作

```
<?php
session_start();
//生成验证码图片
 header ("Content-type: image/PNG");
 $im = ImageCreate (44,18); // 绘制一张指定宽度、高度的图片
```

```
$back = ImageColorAllocate ($im, 245,245,245); // 定义背景颜色
ImageFill ($im,0,0,$back); //把背景颜色填充到刚刚画出来的图片中
$vcodes = "";
//生成 4 位数字
for ($i=0;$i<4;$i++) {
$font = ImageColorAllocate ($im, rand (100,255),rand (0,100),rand (100,255));
// 生成随机颜色
$authnum=rand (1,9);
$vcodes.=$authnum;
imagestring ($im, 5, 2+$i*10, 1, $authnum, $font);
}
$_SESSION['VCODE'] = $vcodes;
    for ($i=0;$i<100;$i++)   //加入干扰元素
    {
    $randcolor = ImageColorAllocate($im,rand(0,255),rand(0,255),rand(0,255));
    imagesetpixel ($im, rand()%70 , rand()%30 , $randcolor); //绘制像素点函数
    }
    ImagePNG ($im);
    ImageDestroy ($im);
?>
```

运行结果如图 10-59 所示。

图 10-59　验证码图片的制作

10.9　函数和类

1. 实验目的

① 掌握 PHP 中函数的定义和使用方法。

② 掌握 PHP 中类的定义和使用方法。

2. 实验内容

① 函数的定义和使用。

② 类的定义和使用。

3. 实验步骤

（1）函数的定义和使用

实验任务：设计一个 PHP 网页，定义一个 PHP 函数来比较前 2 个输入参数的大小。若第 3 个输入参数的值是最大值（max），则将最大的数值返回；若第 3 个参数的数值是

最小值（min），则将最小的数值返回；若前 2 个输入参数一样大，则返回二者之一。用同一个 PHP 网页输入两个数值，调用上述函数返回结果。

【实例 10-41】　函数的定义和使用

```
<!doctype html>
<html lang="en">
 <head>
  <meta charset="UTF-8">
  <meta name="Author" content="">
  <meta name="Keywords" content="">
  <meta name="Description" content="">
  <title>Document</title>
 </head>
 <body>
<?php
function bijiao ($i,$j,$p)
{
  if ($i>=$j)
  {
        $max=$i;
        $min=$j;
     }
  else
  {
        $max=$j;
        $min=$i;
     }
  if ($p=="max")
   return $max;
  if ($p=="min")
   return $min;
}
?>
<h1>PHP 函数练习</h1>
<form action="" method="post">
<table width="80%" border=0>
<tr>
<td width="20%">
请输入变量$a 的值
</td>
<td width="80%"><input type="text" name="a"></td>
</tr>
<tr>
<td>请输入变量$b 的值</td>
<td width="80%"><input type="text" name="b"></td>
</tr>
<tr>
<td>
指定返回数值是</td>
<td>
<select name="pd">
```

```
<option value="max" >最大值</option>
<option value="min" selected>最小值</option>
</select>
</td>
</tr>
<tr>
<td> </td>
<td><input type="submit" name="B" value="确定"></td>
</tr>
<tr>
<td>结果是</td>
<td>
<?php
if(isset($_POST['B']))
{
 $a=$_POST['a'];
 $a=(int)$a;
 $b=$_POST['b'];
 $b=(int)$b;
 $pd=$_POST['pd'];
 echo "两者中最",$pd."的是". bijiao($a,$b,$pd);
}
?>
</td>
</tr>
</table>
</form>
</body>
</html>
```

运行结果如图 10-60 所示。

图 10-60 函数的定义和使用

（2）类的定义和使用

实验任务：在一个 PHP 网页中，设计一个学生管理类，其中包括学号、姓名、专业等属性，用于存储学生的信息。用 PHP 代码创建学生管理类的实例，用输入文本框为实例的属性赋值，并显示实例的属性数值。

【实例 10-42】 类的定义和使用

```
<!doctype html>
<html lang="en">
 <head>
   <meta charset="UTF-8">
   <meta name="Author" content="">
   <meta name="Keywords" content="">
   <meta name="Description" content="">
   <title>Document</title>
 </head>
 <body>
<?php
class student{
private $sid;
private $sname;
private $spel;
function show ($xh,$xm,$zy)
 {
  $this->sid=$xh;
  $this->sname=$xm;
  $this->spel=$zy;
  echo "学号".$this->sid."<br>";
  echo "姓名".$this->sname."<br>";
  echo "专业".$this->spel."<br>";
     }
}
?>
<h1>PHP 类的设计练习</h1>
<form action="" method="post">
<table width="80%" border=0>
<tr>
<td width="20%">
请输入学号
</td>
<td width="80%"><input type="text" name="sid"></td>
</tr>
<tr>
<td>请输入姓名</td>
<td width="80%"><input type="text" name="sname"></td>
</tr>
<tr>
<td>
指定专业</td>
<td>
<select name="spel">
<option value="计算机网络">计算机网络</option>
<option value="计算机应用">计算机应用</option>
<option value="电子商务">电子商务</option>
</select>
</td>
```

```
</tr>
<tr>
<td> </td>
<td><input type="submit" name="B" value="确定"></td>
</tr>
<tr>
<td>实例是</td>
<td>
<?php
if (isset($_POST['B']))
{
 $sid=$_POST['sid'];
 $sname=$_POST['sname'];
 $spel=$_POST['spel'];
 $stu=new student();
 $stu->show($sid,$sname,$spel);
}
?>
</td>
</tr>
</table>
</form>
</body>
</html>
```

运行结果如图 10-61 所示。

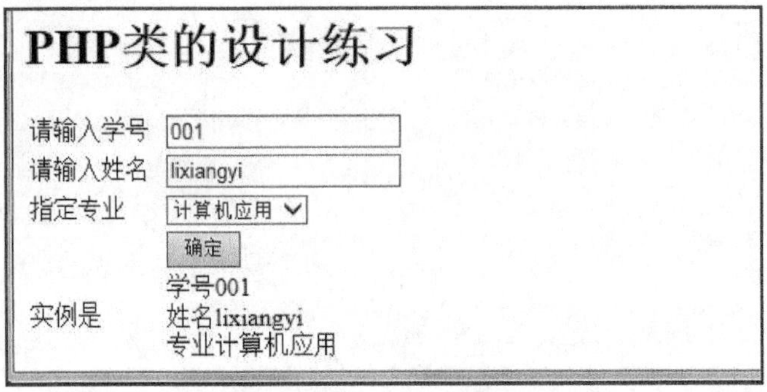

图 10-61　类的定义和使用

10.10　留言本的设计与开发

1. 实验目的

本实训是 PHP 课程的实践性教学环节，目的是培养学生使用 PHP 语言开发小型网站的能力。本实训可以加深学生对理论知识的理解，培养他们灵活运用 PHP 语言的能力和处理综合问题的能力。

2. 实验内容

① 静态页面的设计。

② 数据库的创建。

③ 其他数据库交互页面的开发。

3. 实验步骤

（1）静态页面的设计

【实例 10-43】 设计"添加留言"页面

```html
<html>
<head>
<meta http-equiv="Content-Type" content="text/html; charset=utf-8" />
<title>我的留言本</title>
<link rel="stylesheet" href="css/css.css" type="text/css"/>
</head>
<body>
    <div id="one">
        <div id="h1"><div id="liu">我的留言本</div></div>
        <div id="h11">
            <div id="h2">
                <div class="h21"><div class="ti"><a href="default.php">添加留言
</a></div></div>
                <div class="h21"><div class="ti"><a href="chakan.php">查看留言
</a></div></div>
                <div class="h21"><div class="ti"><a href="landlyb.php">后台登录
</a></div></div>
                <div id="h22"><img src="images/5.jpg"/></div>
            </div>
            <div id="h3">
                <div id="h31">
                    <form action="lyb.php" method = "post" id="h4">
                        <table width = "571" border = "0" align="center"
cellpadding = "4">
                <tr>
            <td width="112" height="52"  align = "right">类型: </td>
        <td width="437">
        <select name="type" >
        <option value="网站问题">网站问题</option>;
        <option value="技术交流">技术交流</option>;
        </select>
        </td>
    </tr>
    <tr>
<td width="112" height="34" align = "right">标题: </td>
    <td><input type = "text" name = "title"  size="60"></td>
    </tr>
                                <tr>
<td width="112" height="36" align = "right">留言者: </td>
<td><input type = "text" name = "username" size="60"></td>
                                </tr>
                                <tr>
```

```
<td width="112" height="34"align = "right" >联系电话: </td>
 <td><input type = "text" name = "tel" size="60"></td>
                                    </tr>
                                    <tr>
<td width="112" height="43" align = "right" >联系邮箱: </td>
<td><input type = "text" name = "mail" size="60"></td>
                                    </tr>
                                    <tr>
<td height="38" align = "right" >QQ: </td>
<td><input type = "text" name = "qq" size="60"></td>
                                    </tr>
                                    <tr>
<td  height="114" align = "right" >留言内容: </td>
 <td><textarea name = "message" rows = "5" cols = "60" ></textarea></td>
                                    </tr>
                                    <tr>
<td height="94" colspan = "2" align = "center">
 <input type = "submit" value = "提交">
<input type = "reset" value = "重置">
      </td>
                                    </tr>
                                 </table>
                              </form>
                        </div>
                  </div>
            </div>
     </div>
</body>
</html>
```

运行结果如图 10-62 所示。

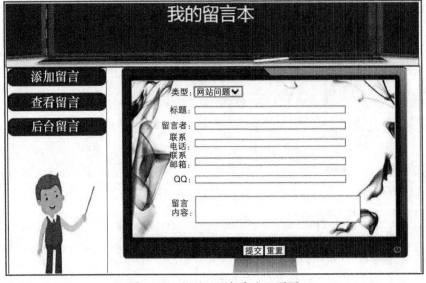

图 10-62   设计"添加留言"页面

【实例 10-44】 设计"查看留言"页面

```html
<html >
<head>
<meta http-equiv="Content-Type" content="text/html; charset=utf-8" />
<title>我的留言本</title>
<link rel="stylesheet" href="css/css.css" type="text/css"/>
</head>
        <?php
            mysql_connect("localhost","root","root");
            mysql_select_db("lyb");
            mysql_set_charset('utf-8');
            $sql=mysql_query("select * from testing");
            $data=array();
            while ($row=mysql_fetch_array($sql))
            {
                $data[]=$row;
            }
        ?>
<body>
    <div id="one">
        <div id="h1"><div id="liu">我的留言本</div></div>
        <div id="h11">
            <div id="h2">
<div class="h21"><div class="ti"><a href="default.php">添加留言</a></div></div>
<div class="h21"><div class="ti"><a href="chakan.php">查看留言</a></div></div>
<div class="h21"><div class="ti"><a href="landlyb.php">后台登录</a></div></div>
 <div id="h22"><img src="images/5.jpg"/></div>
            </div>
            <div id="h3">
                    <div id="h31">
                        <table  border = "0" width="760px">
                            <tr>
                                <td align="center">ID</td>
                                <td align="center" width="70px">类型</td>
                                <td align="center" >标题</td>
                                <td align="center" >姓名</td>
                                <td align="center">内容</td>
                                <td align="center">电话</td>
                                <td align="center">邮箱</td>
                                <td align="center">QQ</td>
                                <td align="center" width="80px">回复内容</td>
                            </tr>
                            <?php foreach($data as $k=>$v) {?>
                            <tr>
                            <td align="center"><?php echo $v['id'] ?></td>
                                <td align="center"><a href="lybtype.php?type=<?php
echo $v['type'] ?>" onclick="return confirm('同学，确定要查看类型为"<?php echo $v
['type'] ?>"的所有留言吗? ')"><?php echo $v['type'] ?></a></td>
                                <td align="center"><?php echo $v['title'] ?></td>
                                <td align="center"><?php echo $v['username'] ?></td>
```

```
                    <td align="center"><?php echo $v['message'] ?></td>
                    <td align="center"><?php echo $v['tel'] ?></td>
                    <td align="center"><?php echo $v['mail'] ?></td>
                    <td align="center"><?php echo $v['qq'] ?></td>
                    <td align="center"><?php echo $v['reply'] ?></td>
                </tr>
                <?php }?>
            </table>
        </div>
      </div>
    </div>
  </div>
</body>
</html>
```

运行结果如图 10-63 所示。

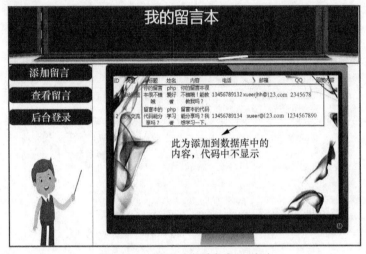

图 10-63 设计"查看留言"页面

【实例 10-45】 设计"后台登录"页面

```
<html>
<head>
<meta http-equiv="Content-Type" content="text/html; charset=utf-8" />
<title>管理员登录</title>
<style type="text/css">a {text-decoration: none}</style>
</head>
<body>
<center>
    <form action="land.php" method="post">
    <h2>管理员登录</h2>
     <table  border = "0" cellpadding = "4">
         <tr>
             <td  align = "right">用户名: </td>
             <td><input type = "text" name = "username" placeholder="同学,请输入
用户名!"></td>
         </tr>
```

```
        <tr>
            <td   align = "right">密码: </td>
            <td><input type = "password" name = "password" placeholder="同学,请
输入密码!"></td>
        </tr>
        <tr>
        <tr>
            <td>请输入验证码: </td>
            <td><input type="text" name="authcode"  placeholder="同学,请输入验证
码!"/></td>
            <td><img id="captcha_img" border="1" src="code.php?r=<?php echo
rand(); ?>" width=100 height-30><a href="javascript:void(0)"
         onClick="document.getElementById('captcha_img').src='code.php?
r='+Math.random()">换一个? </a></td>
        </tr>
            <td colspan = "2" align = "center">
                <input type = "submit" value = "提交">
                <input type = "reset" value = "重置"></td>
        </tr>
        </table>
    </form>
</center>
</body>
</html>
```

运行结果如图 10-64 所示。

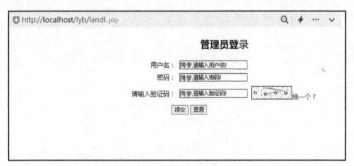

图 10-64　设计"后台登录"页面

【实例 10-46】　设计"后台查看留言本"页面

```
<html>
<head>
<meta http-equiv="Content-Type" content="text/html; charset=utf-8" />
<title>我的留言本</title>
<link rel="stylesheet" href="css/css.css" type="text/css"/>
</head>
        <?php
            mysql_connect("localhost","root","root");
            mysql_select_db("lyb");
            mysql_set_charset('utf-8');
            $sql=mysql_query("select * from testing");
```

```
            $data=array();
            while ($row=mysql_fetch_array($sql))
            {
                $data[]=$row;
            }
        ?>
<body>
    <div id="one">
        <div id="h1"><div id="liu">我的留言本</div></div>
        <div id="h11">
            <div id="h2">
                <div class="h21"><div class="ti"><a href="default.php">添加留言
</a></div></div>
                <div class="h21"><div class="ti"><a href="chakan.php">查看留言
</a></div></div>
                <div class="h21"><div class="ti"><a href="landlyb.php">后台登录
</a></div></div>
                <div id="h22"><img src="images/5.jpg"/></div>
            </div>
            <div id="h3">
                <div id="h31">
                    <table  border = "0" width="760px">
                        <tr>
                            <td align="center">ID</td>
                            <td align="center" width="70px">类型</td>
                            <td align="center" >标题</td>
                            <td align="center" >姓名</td>
                            <td align="center">内容</td>
                            <td align="center">电话</td>
                            <td align="center">邮箱</td>
                            <td align="center">QQ</td>
                            <td align="center" width="80px">回复内容</td>
                            <td align="center" width="110px">操作</td>

                        </tr>
                        <?php foreach($data as $k=>$v) {?>
                        <tr>
                            <td align="center"><?php echo $v['id'] ?></td>
                            <td align="center"><a href="lybtype.php?type=<?php
echo $v['type'] ?>" onclick="return confirm('同学,确定要查看类型为"<?php echo $v['type'] ?>"
的所有留言吗? ')"><?php echo $v['type'] ?></a></td>
                            <td align="center"><?php echo $v['title'] ?></td>
                            <td align="center"><?php echo $v['username'] ?></td>
                            <td align="center"><?php echo $v['message'] ?></td>
                            <td align="center"><?php echo $v['tel'] ?></td>
                            <td align="center"><?php echo $v['mail'] ?></td>
                            <td align="center"><?php echo $v['qq'] ?></td>
                            <td align="center"><?php echo $v['reply'] ?></td>
<td align="center"><a href="shanchu.php?id=<?php echo $v['id'] ?>" onclick="return
confirm('同学,确定要删除吗? ')">删除</a>|<a href="bianjilyb.php?id=<?php echo $v ['id'] ?> "
onclick="return confirm('同学,确定编辑吗? ')">编辑</a>|<a href="replylyb. php?id=
```

```
<?php echo $v['id'] ?>" onclick="return confirm('同学，确定回复吗？')">回复</a></td>
                        </tr>
                    <?php }?>
                </table>
            </div>
        </div>
    </div>
</body>
</html>
```

运行结果如图 10-65 所示。

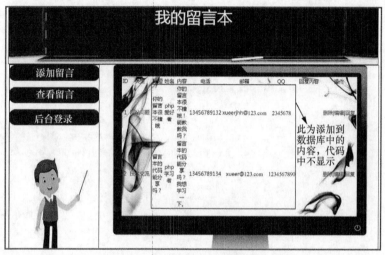

图 10-65 设计"后台查看留言本"页面

【实例 10-47】 设计"回复留言"页面

```
<html>
<head>
<meta http-equiv="Content-Type" content="text/html; charset=utf-8" />
<title>我的留言本</title>
<link rel="stylesheet" href="css/css1.css" type="text/css"/>
</head>
    <?php
        mysql_connect("localhost","root","root");
        mysql_select_db("lyb");
        mysql_set_charset('utf-8');
        $id=$_GET['id'];
        $sql="select * from testing where id='$id'";
        $res=mysql_query($sql);
        $arr=mysql_fetch_array($res);
    ?>
<body>
    <div id="one">
        <div id="h1"><div id="liu">我的留言本</div></div>
        <div id="h11">
            <div id="h2">
```

```
                    <div class="h21"><div class="ti"><a href="default.php">添加留言
</a></div></div>
                    <div class="h21"><div class="ti"><a href="chakan.php">查看留言
</a></div></div>
                    <div class="h21"><div class="ti"><a href="landlyb.php">后台登录
</a></div></div>
                    <div id="h22"><img src="images/5.jpg"/></div>
            </div>
            <div id="h3">
                <div id="h31">
                    <table  border = "0" width="760px">
                        <tr>
                            <td align="center">ID</td>
                            <td align="center" width="70px">类型</td>
                            <td align="center" >标题</td>
                            <td align="center" >姓名</td>
                            <td align="center">内容</td>
                            <td align="center">电话</td>
                            <td align="center">邮箱</td>
                            <td align="center">QQ</td>
                            <td align="center"width="80px">回复内容</td>
                            <td align="center" width="110px">操作</td>
                        </tr>
                        <tr>
                            <td align="center"><?php echo $arr['id'] ?></td>
                            <td align="center"><a href="lybtype.php?type=<?php
echo $arr['type'] ?>" onclick="return confirm('同学，确定要查看类型为“<?php echo $arr['type'] ?>”
的所有留言吗？')"><?php echo $arr['type'] ?></a></td>
                            <td align="center"><?php echo $arr['title'] ?></td>
                            <td align="center"><?php echo $arr['username'] ?></td>
                            <td align="center"><?php echo $arr['message'] ?></td>
                            <td align="center"><?php echo $arr['tel'] ?></td>
                            <td align="center"><?php echo $arr['mail'] ?></td>
                            <td align="center"><?php echo $arr['qq'] ?></td>
                            <td align="center"><?php echo $arr['reply'] ?></td>
                        <td align="center"><a href="shanchu.php?id=<?php echo
 $arr['id'] ?>" onclick="return confirm('同学，确定要删除吗？')">删除</a>|<a href=
"bianjilyb.php?id=<?php echo $arr['id'] ?>" onclick="return confirm('同学,确定编辑吗?
')">编辑</a>|<a href="replylyb.php?id=<? php echo $arr['id'] ?>" onclick=" return confirm
('同学,确定回复吗？')">回复</a></td>
                        </tr>
                    </table>
                    <div id="reply">
                    <form action="reply.php" method = "post">
                    <input type="hidden" name="id" value="<?php echo $arr['id']
 ?>" />
                        <h2 >在这里对上面的留言进行回复</h2>
                        <textarea name = "reply" rows = "15" cols = "100%" >
<?php echo $arr['reply'] ?></textarea>
                        <br />
                        <input type = "submit" value = "回复留言">
```

```
                        <input type = "reset" value = "重置">
                    </form>
                    </div>
                </div>
            </div>
        </div>
</body>
</html>
```

运行结果如图 10-66 所示。

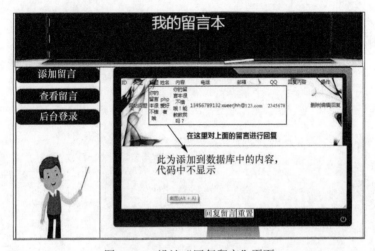

图 10-66　设计 "回复留言" 页面

【实例 10-48】　设计 "编辑留言" 页面

```
<html>
<head>
<meta http-equiv="Content-Type" content="text/html; charset=utf-8" />
<title>我的留言本</title>
<link rel="stylesheet" href="css/css.css" type="text/css"/>
</head>

<body>
    <?php
        mysql_connect("localhost","root","root");
        mysql_select_db("lyb");
        mysql_set_charset('utf-8');
        $id=$_GET['id'];
        $sql="select * from testing where id='$id'";
        $res=mysql_query($sql);
        $arr=mysql_fetch_array($res);

    ?>
    <div id="one">
        <div id="h1"><div id="liu">我的留言本</div></div>
        <div id="h11">
```

```
                <div id="h2">
                    <div class="h21"><div class="ti"><a href="default.php">添加留言
</a></div></div>
                    <div class="h21"><div class="ti"><a href="chakan.php">查看留言
</a></div></div>
                    <div class="h21"><div class="ti"><a href="landlyb.php">后台登录
</a></div></div>
                    <div id="h22"><img src="images/5.jpg"/></div>
            </div>
            <div id="h3">
                <div id="h31">
                    <form action = "update.php" method = "post" id="h4">
                    <input type="hidden" name="id" value="<?php echo $arr
['id'] ?>" />
                    <table width = "571" border = "0" align="center"
cellpadding = "4">
                        <tr>
                            <td width="112" height="52"  align = "right">
类型：</td>
                            <td width="437">
                                <select name="type" >
                                    <option value="<?php echo $arr['
type'] ?>"><?php echo $arr['type'] ?></option>;
                                        <option value="网站问题">网站问题
</option>;
                                        <option value="技术交流">技术交流
</option>;
                                </select>
                            </td>
                        </tr>
                        <tr>
                            <td width="112" height="34" align = "right"
>标题：</td>
                            <td><input type = "text" name = "title"
size="60" value="<?php echo $arr['title'] ?>"></td>
                        </tr>
                        <tr>
                            <td width="112" height="36" align = "right
">留言者：</td>
                            <td><input type = "text" name = "username"
 size="60" value="<?php echo $arr['username'] ?>"></td>
                        </tr>
                        <tr>
                            <td width="112" height="34"align = "right"
 >联系电话：</td>
                            <td><input type = "text" name = "tel" size
="60" value="<?php echo $arr['tel'] ?>"></td>
                        </tr>
                        <tr>
                            <td width="112" height="43" align = "right"
>联系邮箱：</td>
```

```
                                       <td><input type = "text" name = "mail" size=
"60" value="<?php echo $arr['mail'] ?>"></td>
                                   </tr>
                                   <tr>
                                       <td height="38" align = "right" >QQ：</td>
                                       <td><input type = "text" name = "qq" size=
"60" value="<?php echo $arr['qq'] ?>"></td>
                                   </tr>
                                   <tr>
                                       <td height="114" align = "right" >留言内
容：</td>
                                       <td><textarea name = "message" rows = "5"
cols = "60" ><?php echo $arr['message'] ?></textarea></td>
                                   </tr>
                                   <tr>
                                       <td height="94" colspan = "2" align =
"center">
                                          <input type = "submit" value = "编辑留言">
                                          <input type = "reset" value = "重置">
                                       </td>
                                   </tr>
                               </table>
                           </form>
                       </div>
                   </div>
               </div>
        </body>
        </html>
```

运行结果如图 10-67 所示。

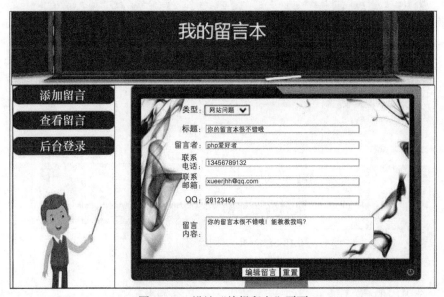

图 10-67　设计"编辑留言"页面

【实例 10-49】　设计删除留言页面

```html
<html>
<head>
<meta http-equiv="Content-Type" content="text/html; charset=utf-8" />
<title>删除留言</title>
</head>
<body>
    <?php
        mysql_connect("localhost","root","root");
        mysql_select_db("lyb");
        mysql_set_charset('utf-8');
        $id=$_GET['id'];
        $sql="delete from testing where id='$id'";
        $res=mysql_query($sql);
        if(!$res)
        {
            echo mysql_error();
            exit();
        }
        else
        {
            header("refresh:3;url=chakanlyb.php");
             print('同学，确定要删除吗？');
        }
    ?>
</body>
</html>
```

运行结果如图 10-68 所示。

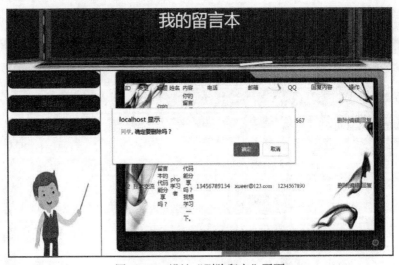

图 10-68　设计"删除留言"页面

（2）数据库的创建

本系统采用的是 MySQL 数据库，建立一个名称为 lyb 的数据库，其中包含表 10-3
所示的 landing 用户表和表 10-4 所示的 testing 留言列表。

表 10-3　landing 用户表

列名	数据类型	说明
userid	int(11)	auto_increment
username	varchar(20)	用户名
password	varchar(20)	密码

表 10-4　testing 留言列表

列名	数据类型	说明
id	int	id 主键
title	varchar(50)	留言标题
type	varchar(25)	留言类别
username	varchar(20)	留言作者
message	varchar(255)	留言内容
tel	varchar(20)	电话
mail	varchar(20)	邮箱
qq	varchar(20)	QQ 号
reply	varchar(255)	楼主回复内容

建立了 lyb 数据库后，PHP 将添加留言插入数据库，代码如下。

【实例 10-50】　设计"lyb.php"页面

```
<html>
<head>
<meta http-equiv="Content-Type" content="text/html; charset=utf-8" />
<title>添加留言</title>
</head>
<body>
    <?php
    if(empty($_POST['title']))
    {
        header("refresh:5;url=default.php");
        print('同学，标题不能为空哦!!!<br>五秒后会自动回到添加留言界面~~~');
        exit();
    }
    if(empty($_POST['username']))
    {
        header("refresh:5;url=default.php");
        print('同学，留下你的大名哦!!!<br>五秒后会自动回到添加留言界面~~~');
        exit();
    }
    if(empty($_POST['message']))
    {
```

```
        header("refresh:5;url=default.php");
        print('同学，要留下宝贵意见哦!!!<br>五秒后会自动回到添加留言界面~~~');
        exit();
    }
    if(!preg_match('/^[1][3,4,5,7,8][0-9]{9}$/',$_POST['tel']))
    {
        header("refresh:5;url=default.php");
        print('同学，手机号不记错哦!!!<br>五秒后会自动回到添加留言界面~~~');
        exit();
    }
    if(!preg_match('/([\w\-]+\@[\w\-]+\.[\w\-]+)/', $_POST['mail']))
    {
        header("refresh:5;url=default.php");
        print('同学，邮箱不合格哦!!!<br>五秒后会自动回到添加留言界面~~~');
        exit();
    }
    if(!preg_match('/[1-9][0-9]{4,}/', $_POST['qq']))
    {
        header("refresh:5;url=default.php");
        print('同学，qq号要填对哦!!!<br>五秒后会自动回到添加留言界面~~~');
        exit();
    }
    mysql_connect("localhost","root","root");
    mysql_select_db("lyb");
    mysql_set_charset('utf-8');
    $type=ltrim($_POST['type']);
    $title=ltrim($_POST['title']);
    $username=ltrim($_POST['username']);
    $message=ltrim($_POST['message']);
    $tel=ltrim($_POST['tel']);
    $mail=ltrim($_POST['mail']);
    $qq=ltrim($_POST['qq']);
    $sql="insert into testing(type,title,username,message,tel,mail,qq) values (
'$type','$title','$username','$message','$tel','$mail','$qq')";
    mysql_query($sql);
    header("refresh:5;url=default.php");
    print('同学，留言成功哦!!!<br>五秒后会自动回到添加留言界面~~~');
    ?>
</body>
</html>
```

运行结果如图 10-69 所示。

图 10-69　设计"lyb.php"页面

（3）其他数据库交互页面的开发

【实例 10-51】　设计"land.php"页面

```
<html>
<head>
<meta http-equiv="Content-Type" content="text/html; charset=utf-8" />
<title>登录</title>
</head>
<body>
    <?php
        session_start();
        $code = ltrim($_POST["authcode"]);
        if (strtolower($code) != $_SESSION['authcode'])
        {
            header("refresh:3; url=landlyb.php");
            echo "验证码输入错误!三秒后自动返回到登录界面";
            exit;
        }
    ?>
    <?php
        mysql_connect("localhost","root","root");
        mysql_select_db("lyb");
        mysql_set_charset('utf-8');
        $sql="select * from land where userid='1'";
        $res=mysql_query($sql);
        $arr=mysql_fetch_array($res);
        $username=ltrim($_POST['username']);
        $password=ltrim($_POST['password']);
        if (($username == '') || ($password == ''))
        {
            header("refresh:3; url=landlyb.php");
            echo "用户名或密码不能为空,系统将在三秒后跳转到登录界面,请重新填写登录信息!";
            exit;
        } elseif (($username != $arr['username']) || ($password != $arr['password']))
        {
            header("refresh:3; url=landlyb.php");
            echo "用户名或密码错误,系统将在三秒后跳转到登录界面,请重新填写登录信息!";
            exit;
        }
        header('location:chakanlyb.php');
    ?>
</body>
</html>
```

【实例 10-52】　设计"reply.php"页面

```
<html >
<head>
<meta http-equiv="Content-Type" content="text/html; charset=utf-8" />
<title>回复留言</title>
```

```
</head>
<body>
    <?php
        mysql_connect("localhost","root","root");
        mysql_select_db("lyb");
        mysql_set_charset('utf-8');
        $id=$_POST['id'];
        $reply=$_POST['reply'];
        $sql="update testing set reply='$reply' where id='$id'";
        $res=mysql_query($sql);
        if(!$res)
        {
            echo mysql_error();
            exit();
        }
        else
        {
            header("refresh:3;url=chakanlyb.php");
            print('回复留言成功<br>三秒后自动回到查看留言界面~~~');
        }
    ?>
</body>
</html>
```

【实例 10-53】 设计 "update.php" 页面

```
<html >
<head>
<meta http-equiv="Content-Type" content="text/html; charset=utf-8" />
<title>编辑留言</title>
</head>
<body>
    <?php
        mysql_connect("localhost","root","root");
        mysql_select_db("lyb");
        mysql_set_charset('utf-8');
        $id=$_POST['id'];
        $type=$_POST['type'];
        $title=$_POST['title'];
        $username=$_POST['username'];
        $message=$_POST['message'];
        $tel=$_POST['tel'];
        $mail=$_POST['mail'];
        $qq=$_POST['qq'];
        $sql="update testing set type='$type',title='$title',username='$username',
message='$message',tel='$tel',mail='$mail',qq='$qq' where id='$id'";
        $res=mysql_query($sql);
        if(!$res)
        {
            echo mysql_error();
```

```
        exit();
    }
    else
    {
        header("refresh:3;url=chakanlyb.php");
        print('编辑成功<br>三秒后自动回到查看留言界面~~~');
    }
    ?>
</body>
</html>
```

练　习　题

操作题
根据实例制作一个留言本。